SPEKTRUM
Flugsicherheitkonzept
Spektrum - Flugfernsteuerungen mit System
Spektrum überzeugt durch sein
überlegenes Sicherheitskonzept:
- Wegdiversity
- Frequenzdiversity
- Zeitdiversity
- Polarisationsdiversity
- Antennendiversity
- Empfängerredundanz
Guten
Flug!
SPEKTRUM
DX6i
SPEKTRUM
DX7
SPEKTRUM
DM9
SPEKTRUM
DM8
SPREAD SPECTRUM TECHNOLOGY • 2.4 GHz SPREAD SPECTRUM TECH
Mehr Informationen zu den
Produkten und der Funktionsweise unter:
www.spektrum-rc.de
Otto Hahn Str. 9a - D-25337 Elmshorn
Fon: +49(0)4121-46 199 66
Fax: +49(0)4121-46 199 70
E-Mail: info@jsb-gmbh.de
Web: www.jsb-gmbh.de -- www.spektrum-rc.de
JSB Marketing & Vertrieb

Dipl.-Ing. Ludwig Retzbach

AKKUS UND LADEGERÄTE

NV NECKAR-VERLAG • VILLINGEN-SCHWENNINGEN

ISBN 978-3-7883-4142-8

14., komplett überarbeitete Auflage 2008

Printed in Germany by Kössinger AG, 84069 Schierling

Inhaltsverzeichnis

Vorwort

Die geradezu sprunghafte Entwicklung der Mikroelektronik hat die elektrische Gerätetechnik mobil gemacht. Radios, Phonogeräte, Computer und Telefone sind zu alltäglichen Reisebegleitern geworden. Somit wuchs auch der Bedarf an tragbaren Energiespeichern.

Wiederaufladbare chemische Stromquellen, Akkumulatoren (lat. *der Sammler*) oder kurz einfach „Akkus" genannt, sind aus unserem Alltag daher nicht mehr wegzudenken. Dies lässt sich auch daran erkennen, wie dieses Wort Eingang in unsere Umgangssprache gefunden hat. So beschreibt jemand, der von sich sagt, sein „Akku sei leer", einen Zustand der Erschöpfung (ausgebrannt oder ausgepowert sein), dem erst mal eine Zeit der Regeneration zu folgen hat, um wieder Kräfte zu sammeln.

Das Wort „Akku" steht also synonym für den Energiespeicher schlechthin, dessen Zustand ständiger Beachtung bedarf. Und wie immer, wenn der Sprachgebrauch sich einer neuen Redewendung bemächtigt, so scheint dies das Ergebnis genauen Beobachtens zu sein.

Auch der Akku im rein technischen Begriffssinn kann nur dann die gewünschte Energie liefern, wenn wir ihm zwischendurch auch etwas zukommen lassen. Geben und nehmen! Damit wird sich dieses Buch ausgiebig beschäftigen.

Akkus sind heute ständige energiespendende Weggefährten in Beruf und Freizeit. Versagen sie vorzeitig ihren Dienst, sind Unannehmlichkeiten die Folge. Es lohnt sich, sie zu kennen.

Genau hier setzt dieses Buch an. Es möchte Fingerzeige liefern, wie man Akkus zweckentsprechend auswählt und behandelt, um ihre Leistungsfähigkeit zu erhalten und ihnen maximale Lebensdauer zu sichern. Die Ladetechnik spielt dabei eine sehr entscheidende Rolle.

1 Entwicklung des Akkumulators

– Historisches und Histörchen –

Glaubt man den Archäologen, so besaßen schon die alten Sumerer, 2500 Jahre vor unserer Zeitrechnung, vergoldete Kupfergefäße. Daran vorgenommene wissenschaftliche Untersuchungen legen den Schluss nahe, dass elektrochemische Prozesse beim Aufbringen der Goldschicht eine Rolle gespielt haben müssen.

Die dazu benötigte elektrische Energie kann aber, so lässt sich folgern, nur durch chemische Elemente erzeugt worden sein. Derartige Funde, welche in der Nähe von Bagdad Tongefäße mit Kupfer- und Eisenelektroden zum Vorschein brachten, gehen allerdings „nur" auf das Jahr 250 v. Chr. zurück. Als Elektrolyt, so wird vermutet, habe saurer Wein gedient.

Auf der Suche nach verlässlichen Berichten über die frühe Existenz elektrochemischer Elemente spannt sich der Bogen zwei Jahrtausende weiter in die Neuzeit.

Man schrieb das Jahr 1799. Ludwig van Beethoven brachte soeben die letzten Takte seiner ersten Sinfonie zu Papier. Napoleon Bonaparte hatte begonnen, den Nachlass der Französischen Revolution zu ordnen. In diesem Jahr, so wird berichtet, soll sich der italienische Physiker Alessandro Volta an einem eigenartigen Turmbau zu schaffen gemacht haben.

Er schichtete auf Plättchen aus Kupfer je ein mit Schwefelsäure getränktes Filzläppchen und deckte das Ganze mit einem Zinkplättchen ab. Darauf legte er wieder ein Kupferplättchen, sodann ein säuregetränktes Filzstück, eine Zinkscheibe usw. Weiter wird erzählt, dass Alessandro Volta, als die so errichtete Säule schon eine stattliche Höhe aufwies, einmal, um sein Bauwerk zu stabilisieren, den Turm gleichzeitig unten und oben angefasst habe. In diesem Augenblick soll der Forscher, wie von unsichtbarer Hand gepackt, zusammengezuckt sein, sodass er die mühsam aufgeschichtete, später nach ihm benannte Säule zum Einsturz brachte.

Gleichgültig, ob man dieser nicht in allen Einzelheiten verbürgten Geschichte Glauben schenkt, Volta hatte als erster Mensch unserer Zeit eine brauchbare Quelle elektrischer Energie geschaffen. Dies war allerdings nur der Beginn einer langen Entwicklung. Das Voltasche Element, aus dem diese Turmbatterie aufgebaut war, gab übrigens ca. 1 Volt ab. Es war von kurzer Lebensdauer und nicht wiederaufladbar.

Die Möglichkeit der Wiederaufladung von chemischen Elementen wurde aber schon im Jahr 1802 von Johann Wilhelm Ritter (Rittersche Säule) entdeckt. Doch es dauerte noch über 50 Jahre, bis Gaston Plante im Jahre 1859 den ersten praktisch verwendbaren Akkumulator bauen konnte. Er war in Funktion und Aufbau dem heutigen Bleiakkumulator sehr ähnlich.

Es konnte nicht ausbleiben, dass sich auch das wissenschaftliche Universaltalent Thomas Alva Edison jenseits des „großen Teichs" mit der Entwicklung von wiederaufladbaren elektrochemischen Energiequellen befasste und – wie kaum anders zu erwarten – damit Erfolg hatte. Edison konnte im Jahre 1901 der damals schon sehr interessierten Fachwelt den ersten Stahlakkumulator vorstellen. Er benutzte Platten aus Nickel-Hydroxid als Anode sowie Eisenplatten als Kathode. Beides steckte in einem alkalischen Elektrolyten (Kalilauge).

Etwa zur gleichen Zeit experimentierte der Schwede Waldemar Jungner ebenfalls mit alkalischen Akkumulatoren. Er verwendete, wie das Genie aus der neuen Welt, Nickel-Hydroxid für die positive Elektrode, auf deren Minus-Seite aber steckte eine Cadmium-Platte in der Kalilauge. Der Urvater des Nickel-Cadmium-Akkumulators war geboren.

Edison konnte dann Jahre später noch ein Patent auf einen gasdichten Stahl-Akkumulator anmelden. Diese Konstruktion war jedoch zu aufwändig und letztlich noch zu unzuverlässig, um in großem Stil Anwendung finden zu können.

Zahllose Materialkombinationen wurden seitdem noch erprobt. Nicht alles, was im Reagenzglas hoffnungsvoll aussah, konnte dann auch in der Praxis allen Erwartungen standhalten. Erwähnenswert dürfte in diesem Zusammenhang noch der ebenfalls mit alkalischem Elektrolyten arbeitende Silber-Zink-Akkumulator des Amerikaners Yardney sein (um 1905). Diese Stromquelle zeichnet sich durch eine besonders hohe Energiedichte aus. Bedingt durch die Kostspieligkeit des verwendeten Materials (Silber), die komplizierten Handhabungsvorschriften und die relativ geringe Lebensdauer war diesem „Star" unter den wiederaufladbaren Elementen von jeher die Rolle eines elitären Außenseiters zugewiesen.

Edison gründete im selben Jahr zusammen mit S. Bergmann die DEAC, eine Firma, deren Name lange Zeit stellvertretend für NiCd-Akkus stand.

Für die Modelltechnik begannen wiederaufladbare elektrische Stromquellen interessant zu werden, als es gelang, verschlossene Akkumulatorsysteme zu bauen, welche in jeder Lage betriebsbereit waren und keiner aufwändigen Wartungsmaßnahmen bedurften. Derartiges wurde möglich, als man es geschafft hatte, den gewöhnlich flüssigen Elektrolyten irgendwie „festzulegen". Dies glückte dann 30 Jahre später einem deutschen Entwicklerteam, welches 1933 den ersten verwertbaren gasdichten NiCd-Akku präsentieren konnte.

Die Serienfertigung derart anwendungsfreundlicher Speichersysteme begann allerdings erst im Jahr 1950 bei der Firma VARTA.

Ursprünglich allerdings schien es, als sei die Abgabe großer Ströme dem Bleiakkumulator vorbehalten. Als Klassiker unter jenen für Hobbyzwecke „gezähmten" Energiespeichern auf Bleibasis darf wohl jene Stromquelle gelten, die Mitte der 50er-Jahre unter dem Handelsnamen „Rulag-Trockenakku" auf den Markt kam.

Es handelte sich hierbei um einen Bleiakkumulator, welcher in einem weichen Polyäthylengehäuse untergebracht war. Er war dicht verschlossen und bekam, wenn er überladen wurde, einen „dicken Bauch". Diese an und für sich wenig erwünschte Eigenschaft machte es jedoch möglich, auf eine bis heute nicht zu unterbietende einfache Art das Überladen dieser Akkus zu verhindern. Dazu wurde der Rulag-Akku einfach in ein „Ladegerät" genanntes Sperrholzkästchen gesteckt. Bei beginnender Überladung drückte er mit seinem aufgeblähten „Bauch" gegen einen innen angebrachten Schaltkontakt, welcher den Ladestrom unterbrach.

So einfach ging dies damals noch!

Im selben Zeitraum wurde auch bei der Firma Sonnenschein mit Erfolg an der Konstruktion eines wartungsfreien Bleiakkumulators gearbeitet. Im Gegensatz zum Rulag-Akku hatte dieses Produkt aber ein stabiles Gehäuse. Wenn die Luft im Inneren zu „dick" zu werden drohte, öffnete ein im Deckel eingebautes Überdruckventil und ließ einen Teil davon ab.

Bis zu diesem Zeitpunkt hat die industrielle Weiterentwicklung auf dem Sektor der wiederaufladbaren Stromquellen vorwiegend in der westlichen Hemisphäre stattgefunden. Noch spricht niemand von Globalisierung, doch im Land der aufgehenden Sonne hat man nicht nur den westlichen Automarkt im Visier.

Um 1980 erlangte unter Federführung der japanischen Firma Sanyo der Nickel-Cadmium-Akku (NiCd-Akku) als hochbelastbare Spannungsquelle Bedeutung. Dies gelang durch die weitere Entwicklung der sogenannten Sinterzellen. Impulsgebend waren die Anforderungen der Werkzeugindustrie, die sogenannte Powertools entwickelte, welche als Akkuschrauber oder elektrische Rasentrimmer auch bald in den Freizeitbereich Eingang fanden. Auch der Modellbau profitierte von diesen technologischen Fortschritten. Endlich war es für jedermann möglich, Modellflugzeuge mit leiser Elektroenergie in die Luft zu befördern, Rennboote mit imposanter Geschwindigkeit geräuscharm über die Teiche flitzen zu lassen und mit RC-Cars auf saubere Weise Rennatmosphäre zu erzeugen. Ein wenig unbefriedigend war zu Anfang noch die Energiedichte dieser „Hochstromzellen". Neue Elektrodenformen mit poröser bis hin zur geschäumten Struktur lieferten hier in den Folgejahren mancherlei Verbesserungsansätze.

Angeregt durch strenger gewordene Umweltschutzauflagen gelang im letzten Jahrzehnt vor der Jahrtausendwende die Substitution des giftigen Schwermetalls Cadmium durch metallisch gebundenen Wasserstoff: Es entstand die Nickel-Metallhydrid-Technologie, die aufgrund deutlich verbesserter Kapazität zuerst im Konsumerbereich Einzug hielt. Bald konnte die neue Technologie auch hinsichtlich des Belastungsverhaltens verbessert werden. Toyota verwendet seit längerem Nickel-Metallhydrid-Akkus der Konzerntochter Panasonic in seinen Hybridautos. Die Fähigkeit, auch hohe Ströme zu meistern, verhalf diesem Akkutyp auch bald zu einer Hobbykarriere. Im Bereich des Arbeitsalltags konnte sich der auf Wasserstoff basierende Stromspeicher dagegen nicht im erwarteten Maß durchsetzen, da Temperaturverhalten (hohe Stromentnahme nur bei erhöhter Temperatur), Pflegebedarf und bisweilen hohe Selbstentladung der Akzeptanz bei kommerziellen Nutzern (wie z.B. im Bereich der Powertools) entgegenstanden.

Zeitgleich entstanden wiederaufladbare Batteriesysteme auf Lithium-Basis, die bald die Batteriefächer von Handys, Camcordern und Laptops eroberten. Zäh doch stetig verlaufen auch Fortschritte hinsichtlich Belastbarkeit und Schnellladbarkeit dieses vor allem aufgrund von geringem Gewicht und hoher Energiedichte strahlenden Sterns am Stromquellenhimmel. Wieder sind es Firmen wie Panasonic und Sony, aber auch die Firma SAFT im französischen Poitiers, die hohe Summen in die Grundlagenforschung investieren. Das Ergebnis ist der sogenannte Lithium-Ionen-(LiIon-)Akku, mit dem es erstmalig gelingt, das hochreaktive Elektrodenmaterial Lithium weitgehend alltagssicher zu beherrschen.

Daneben machten auch Ende der 20. Jahrhunderts schon Lithium-Polymer-(LiPo-)Akkus von sich reden. Dank eines ungiftigen festen Polymer-Elektrolyten konnten die bisher notwendigen druckfesten Gehäuse durch eine weitgehend flexible Folienummantelung ersetzt werden. Allerdings war die „Ergiebigkeit" dieser Stromquellen bei normalen Umgebungstemperaturen anfangs sehr unbefriedigend. Dieses Defizit konnte dann ausgeglichen werden, indem man in die Polymerfolie pastenförmige Zusätze implantierte oder zu Folien ausgewalzte Elektrolyte einsetzte. Tonangebend war hierbei lange die koreanische Firma Kokam. Inzwischen zählen LiPos zu den in jeder Hinsicht leistungsfähigsten wiederaufladbaren Stromquellen und sind aus der Modelltechnik nicht mehr wegzudenken.

Weitere Varianten des auf der Lithium-Ionen-Technik basierenden Prinzips stehen derzeit auf dem Prüfstand. Besonders große Zukunftschancen bei elektrischen Werkzeugen wie auch im Bereich der Elektromobile werden einer Zelle der im Jahr 2001 gegründeten amerikanischen Firma A123-Systems eingeräumt. Diese verwendet eine auf Eisenphosphat basierende Kathode, die schnell auf- wie auch entladen werden kann und eine Nutzungsdauer von mehreren Tausend Zyklen verspricht. Die mittelfristige Stromquellenzukunft, das steht außer Frage, gehört der Lithium-Technologie.

2 Wichtige Sicherheitshinweise zum Einsatz von Akkus außerhalb geschlossener Systeme

Als geschlossenes System ist hier eine Anordnung zu verstehen, bei der **Verbraucher, Akku** und dazu passendes **Ladegerät** ein in sich abgeschlossenes Ganzes bilden. Der Akku ist dann hinsichtlich Kapazität und Belastbarkeit auf die spezifischen Anforderungen des jeweiligen Verbrauchers abgestimmt. Sinngemäß gilt dies auch für die Adaption zwischen Akku und Ladegerät. Der Ladebedarf (Akku leer) wird hierbei meist durch optische oder akustische Signale angezeigt, das Ladeende (Akku voll) in der Regel automatisch erkannt. Der Anwender hat hierbei nur sehr wenige Eingriffsmöglichkeiten.

Zuweilen ist es wünschenswert, den Akku gegen ein Ersatzexemplar auswechseln zu können. Solche Wechselakkus sind in der Regel steckbar ausgeführt und fest verkapselt. Darin sind die einzelnen Zellen (man bezeichnet eine Zusammenschaltung mehrerer gleichartiger Zellen als *Batterie*) gewöhnlich durch fest verschweißte Ableiter miteinander verbunden. Derartige Batterien stellen eine festgelegte Anordnung dar, Eingriffe seitens der Nutzer sind nicht vorgesehen. Von einem geschlossenen System kann auch dann noch gesprochen werden, wenn beispielsweise ein (Netz-)Ladegerät nur im Bedarfsfall über ein unverwechselbares Stecksystem mit

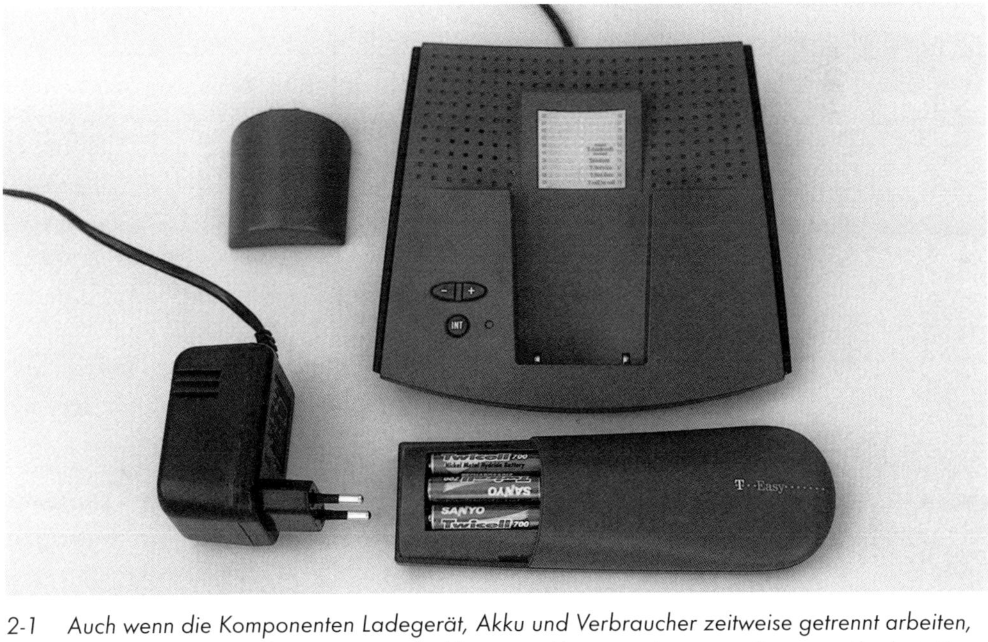

2-1 *Auch wenn die Komponenten Ladegerät, Akku und Verbraucher zeitweise getrennt arbeiten, liegt (selbst bei geöffnetem Batteriefach) ein geschlossenes System im Sinn von Abschnitt 2 vor*

dem Akku verbunden wird. Ein typisches Beispiel für eine solche Anordnung wäre ein schnurloses Telefon, das bei „Akku leer" in die dafür vorgesehene Ladeschale gelegt wird oder beispielsweise ein Batteriestaubsauger, den man nach Gebrauch in seine Halterung zurückhängt, wo er dann gleichzeitig mit der Ladebuchse verbunden wird.

In einem geschlossenen System regelt sich das Zusammenspiel von Verbraucher, Akku und Ladegerät im Idealfall automatisch. Aufgrund einschlägiger Vorschriften sind elektrisch leitende Komponenten hier auch vor Berührung geschützt. Kenntnisse bezüglich Akku und Ladetechnik sind seitens des Endverbrauchers prinzipiell nicht nötig. Die Gefahr der Überbeanspruchung einzelner Komponenten kann durch technische Vorkehrungen weitgehend ausgeschlossen werden. Betriebssicherheit unter allen denkbaren Einsatzbedingungen und „Pflegeleichtigkeit" stehen im Pflichtenheft solcher Systeme verständlicherweise ganz vorne, denn letztlich muss auch der absolute Laie damit klarkommen.

Nicht selten indes verhindert dieses Primat der Betriebssicherheit bei einfach konstruierten Geräten die vollständige Ausnutzung aller technischen Ressourcen.

Um nur einige Beispiele zu nennen:

- Weil der Akku unter keinen Umständen überladen werden darf, wird er nie vollständig aufgeladen.
- Weil ein Akku nicht tiefentladen werden darf, wird der Verbraucher vorzeitig abgeschaltet.
- Weil die Ladung auch bei extremen Temperaturen funktionieren soll, wird die Ladezeit weiter als normalerweise nötig ausgedehnt.

Zudem begibt sich der Nutzer beim Kauf derartiger geschlossener Systeme oftmals unbewusst in ein Abhängigkeitsverhältnis:

- Im Servicefall ist er auf sogenannte Originalersatzteile angewiesen, die nur in den seltensten Fällen zu Marktpreisen angeboten werden (Kunde hat nicht die Wahl).
- Ein eventuell nötiger Akkutausch kann nur in Form eines gesamten Packs erfolgen.
- Eventuelle technische Weiterentwicklungen (z.B. neue Zellen mit höherer Kapazität) sind im Rahmen des Austauschprogramms meistens nicht verfügbar.

Diese kurze Aufzählung ließe sich durchaus noch fortsetzen.

Aus den o.g. Gründen besteht seitens technisch interessierter Akkunutzer immer wieder ein starkes Interesse, in solche Systeme selbst einzugreifen. Wer sich dazu entschließt, sollte sich allerdings über die Konsequenzen im Klaren sein:

- Garantie- bzw. Gewährleistungsansprüche gegenüber der Vertriebs- bzw. Herstellerfirma erlöschen.

- Jeder technische Eingriff verändert die Musterzulassung eines elektrischen Geräts.
- Der Hersteller wird danach jede Art von Haftung ablehnen.

Zu beachten sind zudem alle Fragen, die mit dem Berührungsschutz bei elektrischen Anlagen in Zusammenhang stehen. Insbesondere gilt dies bei Ladegeräten, die ihre Energie aus dem 230-V-Netz beziehen.

Gleichwohl eröffnen sich hierbei dem sachkundig und umsichtig Agierenden auch mannigfache Möglichkeiten, Systeme, in denen Akkus als Energiequelle eingebaut sind,

- zeit- und kostengünstig zu reparieren,
- den technischen Möglichkeiten entsprechend zu optimieren,
- veränderten Anforderungen anzupassen.

Das vorliegende Buch wendet sich an all jene, die sich in Beruf oder Freizeit mit Akkus und Ladetechnik aktiv befassen. Dies berührt oftmals auch verschiedene Aspekte der Sicherheit. Der Autor ist hierbei um eine technisch korrekte, umfassende und gleichermaßen leicht verständliche Darstellung der Sachverhalte bemüht und wird an jeweiliger Stelle auf ihm bekannte Gefahren hinweisen.

Die Lektüre dieses Buchs kann und soll aber in keinem Fall das aufmerksame Lesen der den Produkten beiliegenden Informationen oder Sicherheitshinweise noch das vertiefte Studium der wie immer gestalteten Betriebsanleitung von elektrischen Geräten ersetzen.

Aufgrund der unkontrollierbaren Bedingungen, unter denen das hier vermittelte Wissen umgesetzt werden kann, muss der Autor jegliche Haftung für eventuell entstehende Folgen ablehnen.

3 Chemische Primär- und Sekundärbatterien: Abgrenzung und Gemeinsamkeiten

Eine Batteriezelle stellt eine Anordnung dar, in der durch chemische Reaktionen elektrische Energie freigesetzt werden kann. Hierbei gilt es zwischen zwei Gruppen zu unterscheiden:

- Primärzellen (Primärelemente)
- Sekundärzellen (Sekundärelemente)

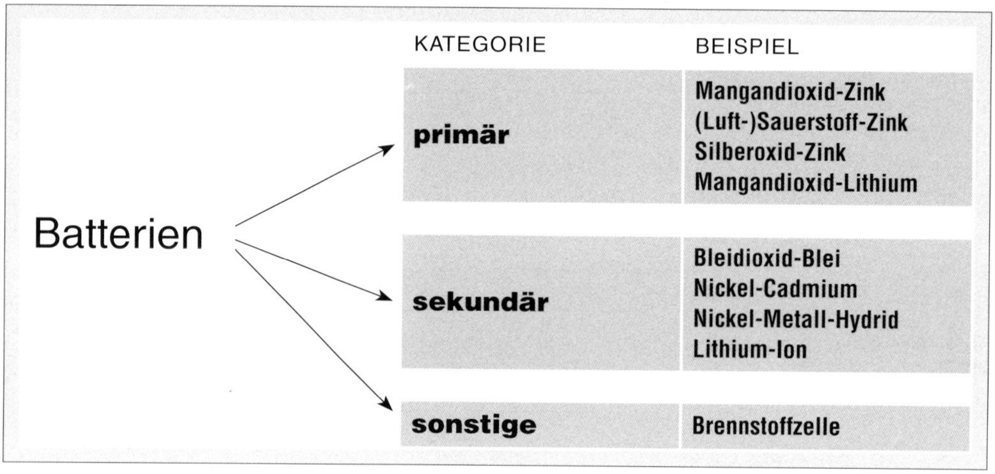

3-a

Beide könnte man als Energiewandler bezeichnen. Bei der Entladung werden im Inneren des meist geschlossenen Zellengehäuses hochenergetische Substanzen zu weniger energiereichen abgebaut. Da auch hier der Energieerhaltungssatz gelten muss, wonach Energie nicht einfach verschwinden kann, bleibt nur der Schluss, dass die bei diesen Prozessen auftretende Energiedifferenz in anderer Form frei werden muss. Diese kann entweder als Licht (chem. Leuchtstab), als Wärme (Taschenheizung) oder als elektrische Energie (Batterie) zutage treten. Mischformen sind zwar meist unerwünscht, aber möglich.

Bei Primärzellen sind diese Prozesse prinzipiell irreversibel (nicht umkehrbar), während sich bei Sekundärzellen dieser Vorgang durch Energiezufuhr (Wiederaufladung) rückgängig machen lässt.

Wenn wir uns im Moment auf die Verfolgung der auf chemischer Basis arbeitenden Stromerzeuger konzentrieren (sogenannte galvanische Elemente), so haben beide grundsätzlich folgenden Aufbau:

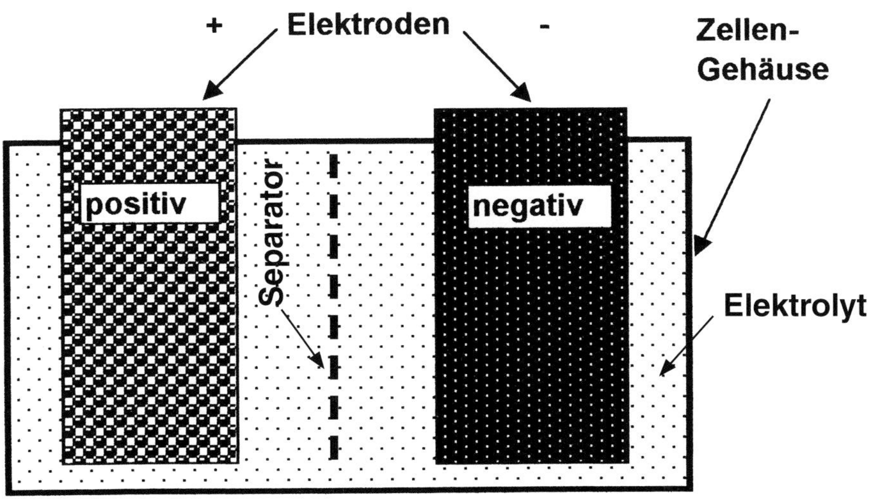

3-b *Prinzipaufbau eines galvanischen Elements*

In ein Gefäß, das mit einem sogenannten Elektrolyten (elektr. leitende Flüssigkeit) gefüllt ist, tauchen zwei Elektroden, die aus *chemisch unterschiedlichen* Substanzen bestehen. Der italienische Naturforscher Alessandro Volta (lebte 1745 bis 1824; nach ihm wurde die Maßeinheit Volt benannt) hatte 1793 bereits entdeckt, dass sich zwischen diesen beiden unterschiedlichen Stäben aus leitfähigem Material eine Spannung ausbildete. Diese war umso höher, je weiter die Materialien in der sogenannten Spannungsreihe auseinander lagen. Die voltasche Spannungsreihe lautete damals:

– Zink, Blei, Zinn, Eisen, Kupfer, Silber, Gold, Platin, Kohle +

wobei die weiter links stehenden Elemente den Minuspol, weiter rechts angesiedelte den Pluspol bildeten. Aus den beiden Extrempositionen dieser Rangreihe Zink und Kohle werden auch heute noch – mehr als 200 Jahre später – chemische Elemente industriell hergestellt, die sogenannten Taschenlampenbatterien, bekannt auch als Leclanche- oder Zink-Braunstein-Elemente (die Kohle dient in Wirklichkeit nur als Ableiter). Diese geben eine Spannung von 1,5 Volt ab. In der Standardausführung besteht auch heute der Elektrolyt noch aus wässriger Salmiak-Salzlösung. Bessere Eigenschaften erreicht man allerdings mit alkalischen Elektrolyten.

Das Zink-Braunstein-(MnO_2-)Element stellt eine typische Primärzelle dar. Während der Entladung geht das Zink des Zellenbechers mit dem Salmiaksalz eine Verbindung ein; es wird förmlich von ihm „aufgefressen" (daher auch die Auslaufgefahr bei ungeschützten Batterien). Einmal verbraucht, lassen sich die chemischen Reaktionspartner in der Zelle nicht mehr regenerieren.

Grundsätzlich basieren alle chemischen Stromerzeuger auf dem sogenannten Redox-Prinzip. Zeitgleich, aber an verschiedenen Stellen, läuft ein Reduktions- und ein Oxidationsprozess ab. Die Reduktion geschieht dabei unter Elektronenaufnahme, es bildet sich dort also die Kathode bzw. der Pluspol der Stromquelle aus. Umgekehrt verläuft der chemische Prozess der Oxidation unter Elektronenabgabe, womit wir den Ort des Geschehens als Anode oder Minuspol entlarvt hätten.

Später wurde die von Volta zusammengestellte *elektrochemische Spannungsreihe* um weitere Metalle wie den „Linksextremisten" Lithium und die weiter rechts orientierten Schwermetalle Cadmium, Quecksilber u. a. m. ergänzt. Bald entdeckte man auch, dass sich auch chemische Verbindungen von Metallen (Oxide, Hydroxide, Sulfate usw.) dort einreihen ließen. Allerdings erwiesen sich nur wenige der theoretisch möglichen Kombinationen als praxisgerecht.

Frühe, zu Beginn des 19. Jahrhunderts angestellte Experimente erbrachten überraschende Ergebnisse. Es zeigte sich, dass es vorzugsweise bei Verwendung von metallischen Verbindungen als Elektrodensubstanz möglich war, die chemischen Umwandlungsprozesse durch Elektrolyse quasi wieder rückwärts laufen zu lassen.

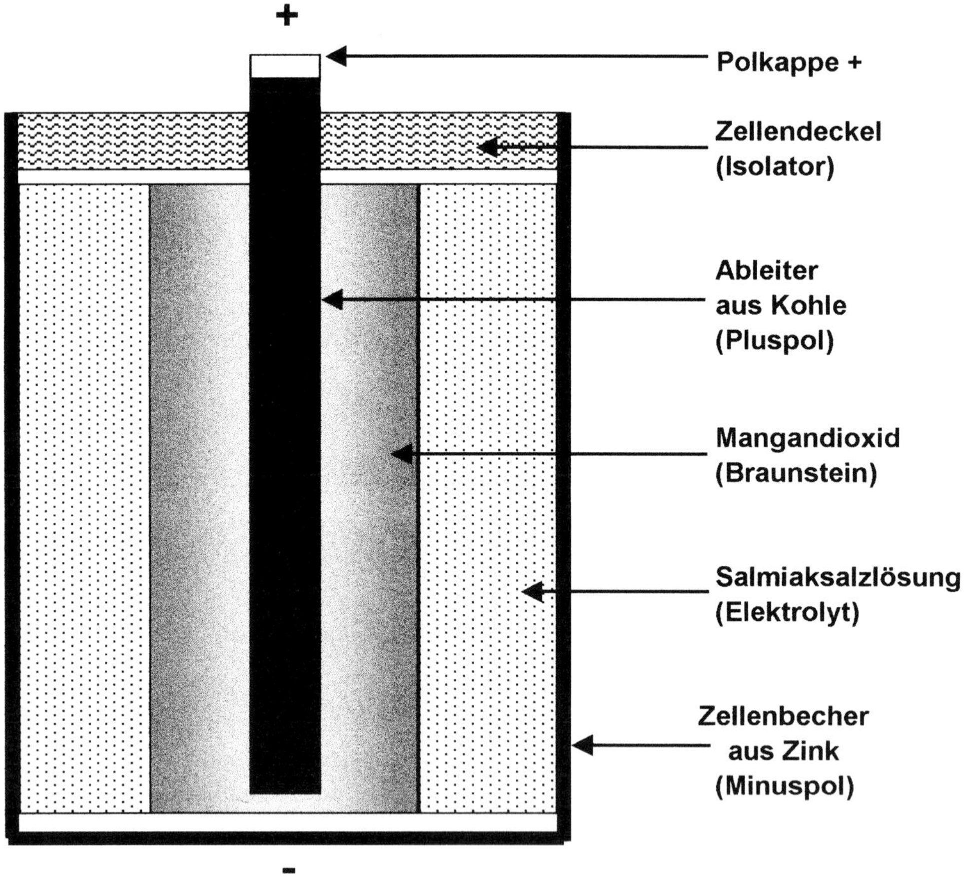

3-c *Prinzipaufbau einer Leclanche-Primärzelle (sogenannte Taschenlampenbatterie)*

Versuche mit der Kombination Blei/Bleidioxid im Schwefelsäurebad ergaben ein Element mit 2,1 Volt Entladespannung. Entlud man es, so überzogen sich beide Elektroden mit grauem Bleisulfat, was die Spannung langsam absinken ließ. Schickte man aber Strom in umgekehrter Richtung durch die Elektroden, so verwandelten sie sich wieder in ihre Ausgangssubstanzen zurück. Der heute noch millionenfach genutzte Bleiakku war geboren.

Obgleich der Trend in den letzten Jahren eindeutig zu der wiederaufladbaren chemischen Stromquelle weist, werden auch in näherer Zukunft beide Arten ihre Daseinsberechtigung behalten. Primärbatterien haben nämlich neben dem Vorzug „nicht geladen werden zu müssen" (Werbeslogan) noch eine Reihe anderer Pluspunkte vorzuweisen. So erreichen sie prinzipiell eine höhere Energiedichte als vergleichbare Sekundärsysteme. Die Selbstentladung von Primärbatterien ist gewöhnlich weit geringer als die von Akkus. Schließlich benötigen sie keine Infrastruktur (Ladegerät), was sich letztlich in der Gesamtkostenbetrachtung niederschlägt.

Demgegenüber können Sekundärbatterien je nach Typ zig- bis mehrere tausendmal wieder aufgeladen werden. Ihre gewöhnlich höheren Anschaffungskosten amortisieren sich damit auf längere Sicht. Zudem sind marktgängige Akkus im Vergleich zu Primärbatterien mit höheren Strömen belastbar und weisen in der Regel über die gesamte Entladedauer hinweg eine bessere Spannungskonstanz auf.

Primärbatterien sind daher immer die Stromquellen der Wahl, wenn über längere Zeiträume hinweg nur geringe Energiemengen entnommen werden, wie das etwa bei elektrischen Uhren, Fernsteuerungen für Phono- und TV-Geräte, Funk-Schließsys-

3-1
Die Taschenlampe für Notfälle – ein Fall für Primärzellen

temen, ferngesteuerten Garagentoröffnern, elektronischen Thermometern, nur gelegentlich genutzten Fotoapparaten u. Ä. der Fall ist. Auch wäre es wenig sinnvoll, beispielsweise die Taschenlampe, die man zu Hause oder im Handschuhfach des Autos für (hoffentlich nie eintretende) Notfälle bereithält, mit Akkus auszustatten, weil sich dies wegen der meist doch sehr geringen Einsatzhäufigkeit nicht lohnen würde und ein Akku aufgrund seiner hohen Selbstentladung dann, wenn man ihn wirklich mal braucht, mit großer Wahrscheinlichkeit leer geworden wäre.

In nahezu allen anderen Fällen jedoch wird der kosten- und leistungsbewusste Verbraucher mit Akkus als Energiequelle für nicht ortsgebundene Elektrogeräte stets die bessere Wahl treffen.

Doch Vorsicht, Akku ist nicht gleich Akku! Das nächste Kapitel will aufzeigen, worauf es bei wiederaufladbaren Stromquellen ankommt. Ein kurzer Ausflug in die Physik kann dabei ja nicht schaden.

4 Kenngrößen von Akkus

4.1 Spannung U

Eine Batteriezelle hat eine für den jeweiligen Typ charakteristische Spannung. Ihr Wert hängt in erster Linie von der Position der Elektroden innerhalb der elektrochemischen Spannungsreihe ab: Je weiter sie dort auseinander liegen, desto höher wird die *Systemspannung*. Der Momentanwert der Zellenspannung ist allerdings noch von weiteren Parametern abhängig, wie etwa dem Ladezustand, der Temperatur, dem zeitlichen Abstand von der letzten Aufladung und zuweilen auch vom Alter der Zellen bzw. von deren „Gesundheitszustand".

4.1.1 Nennspannung U_{nenn}

Sie gibt die mittlere Höhe der Entladespannung bei geringer Belastung (=<0,2 C) an, kann somit als Richtwert für die Dimensionierung von Batterien dienen. Ihre nominale Festlegung ist z. T. aber auch Konventionssache.

So beträgt laut europäischer Norm EN 60285 die Nennspannung einer Nickel-Cadmium-(NiCd-)Zelle 1,2 V. Ein Gerät, das eine Versorgungsspannung von 12 V benötigt, müsste somit aus einer 10-zelligen NiCd-Batterie gespeist werden.

Einige Beispiele:

ZELLENTYP	NENNSPANNUNG	ART
Nickel-Cadmium	1,2 V	sekundär
Nickel-Metallhydrid	1,2 V	sekundär
Quecksilber-Zink	1,3 V	primär
Silberchlorid-Magnesium	1,4 V	primär
Zink-Mangandioxid	1,5 V	primär
Blei-Bleidioxid	2,0 V	sekundär
Lithium-Mangandioxid	3,0 V	primär*
Lithium-Eisenphosphat	3,2 (3,3) V	sekundär
Lithium-Ionen	(3,6**) 3,7 V	sekundär
Lithium-Polymer	3,7 V	sekundär

* auch als Sekundärzelle

** ursprünglich 3,6 V, heute meist 3,7 V

4.1.2 Ruhespannung U_o

Die Ruhespannung stellt sich sinngemäß dann ein, wenn kein Strom fließt. Ihre Höhe hängt u.a. vom Ladezustand ab. Allerdings spielen noch andere Faktoren eine Rolle, beispielsweise die Temperatur. So lässt sich beobachten, dass bei NiCd-Batterien die Ruhespannung mit steigender Temperatur fällt (*negativer* Temperatur-/Spannungskoeffizient).

Bei Nickel-Cadmium-Zellen kommt es außerdem darauf an, wie lange die letzte Ladung zeitlich zurückliegt (Ruhezeit). Die Ruhespannung hat unmittelbar nach dem Abschalten des Ladestroms ihren Maximalwert, fällt danach leicht ab. Bei manchen Akkutypen hat zudem die Größe des vorausgehenden Ladestroms positiven Einfluss auf die (anfängliche) Ruhespannung (Formierungszustand der Zelle).

Bei Blei-Akkus lässt sich ein ziemlich eindeutiger Zusammenhang zwischen Ladezustand und Ruhespannung herstellen, was dann eine technisch einfache Ladezustandsanzeige ermöglicht. Akkus auf Ni-Basis indes verweigern uns diese Art von ladetechnischer Transparenz.

Wichtig zu wissen ist, dass die Ruhespannung auf alle anderen Spannungsarten „durchschlägt".

4.1.3 Entladespannung (Lastspannung) U_{last}

Beim Entladen sinkt die an den Akkuklemmen gemessene Spannung (Klemmenspannung) mehr oder minder stark unter den Wert der Ruhespannung ab. Dies hängt mit dem Innenwiderstand (siehe 4.2) der Batterie zusammen. An ihm wird ein Teil der im Zelleninneren erzeugten Spannung (= Systemspannung) „verbraten". Bedenken sollte man hierbei, dass die im Inneren des Akkus verzehrte Spannung dort (meistens unerwünschte) Wärme erzeugt, die ihrerseits wieder auf die Ruhespannung Auswirkung haben kann.

Ihre maximale Leistung gibt die Batterie dann ab, wenn U_{last} = 50% U_o ist. Eine derartige Belastung ist jedoch für die meisten Batterien schon nicht mehr „bekömmlich"!! Wird der Laststrom darüber hinaus noch gesteigert, sinkt sogar die nach außen gegebene Leistung wieder ab. Den Extremfall stellt ein Kurzschluss der Batterieklemmen dar. Jetzt ist die Klemmenspannung und damit die abgegebene Leistung gleich null; die gesamte in der Zelle gespeicherte Energie wird in ihrem Inneren „verkocht".

Die *Entladeschluss-Spannung* U_E ist jener Minimalwert der Entladespannung, bei dem ein Akku als entladen zu betrachten ist. Beachtung ist geboten, wenn der Akku beim Unterschreiten beschädigt werden kann. Die Höhe dieser Spannungsschwelle hängt von der Zellentechnologie ab.

Bei Entladung mit höheren Strömen ist es unumgänglich, für die Festlegung der Entladeschluss-Spannung den Einfluss des Innenwiderstands (siehe 4.2) zu berücksichtigen, da die an den Polen messbare Spannung ja immer um $R_i \times I$ vermindert ist. Nach IEC 285 ist für NiCd-Akkus definiert:

Entladeschluss-Spannung U_E = Spannungswert bei 10%iger Entladung - 0,33 V

Oftmals ist auch von der *mittleren Entladespannung* U_M die Rede. Sie stellt, wie die Bezeichnung bereits andeutet, den arithmetischen Mittelwert aller gemessenen Spannungswerte von Entladebeginn bis zur Entladeschluss-Spannung bei Entladung mit einem Konstantstrom definierter Höhe (z. B. 20 Acc) dar.

4.1.4 Ladespannung U_{lad}

Die Batteriespannung steigt generell beim Laden an. Hierfür sind sowohl Innenwiderstand (siehe 4.2) als auch an die Zellenspannung gekoppelte elektrochemische Prozesse verantwortlich. Art und zeitlicher Verlauf des Anstiegs sind ein Charakteristikum des jeweiligen Zellentyps. Rückschlüsse von der Höhe der momentanen Ladespannung auf den erreichten Ladezustand sind eher vage und allenfalls bei Blei-Akkus bedingt aussagefähig. Bei Blei- und Lithium-Akkus lässt sich eine bestimmte *Ladeschluss-Spannung* definieren, bei deren Erreichen die Ladung beendet werden muss.

Die Nickel-Cadmium- und Nickel-Metallhydrid-Technologie zeigt wegen ihrer Verwandtschaft Gemeinsamkeiten im Ladespannungsverlauf. Hier gibt es zwar einen Spannungshöchstwert (Peak), der aber nicht als Ladeschluss-Spannung verstanden werden darf. Zudem ist es möglich, dass die Ladespannung bei NiCd- und NiMH-Zellen bei zu hoch einsetzendem Ladestrom einen leichten Anfangshöcker aufweist (siehe Diagramm 4.1.4-a).

4.2 Innenwiderstand R_i

Der Innenwiderstand ist ein Maß für die Belastbarkeit der Zelle. Er ist, wie aus der Bezeichnung hervorgeht, im Inneren der Zelle angesiedelt und verursacht dort einen stromabhängigen Spannungsabfall, d. h. auch eine entsprechende Verlustleistung, die eine Erwärmung der Zelle nach sich zieht. Bei der *Entladung* vermindert sich dabei die Leerlaufspannung um diesen Spannungsabfall an R_i.

$$\mathbf{U_{last} = U_o - R_i \times I}$$

Die Klemmen-(Last-)spannung der Zelle wird also „heruntergezogen", kann bei sehr hohen Strömen mitunter förmlich „einbrechen". R_i markiert somit die Höchstgrenze der Leistungsabgabe. Sie ist erreicht, wenn der Gesamtwiderstand des äußeren Stromkreises (Verbraucher) gleich dem Innenwiderstand ist. Bei weiterer Verminderung des Verbraucherwiderstands wächst der Strom zwar noch, die Leistungsabgabe ist dann (aufgrund sinkender Klemmenspannung) jedoch rückläufig. Den Extremfall bildet der Zellenkurzschluss. Die Klemmenspannung ist jetzt null. Es fließt der

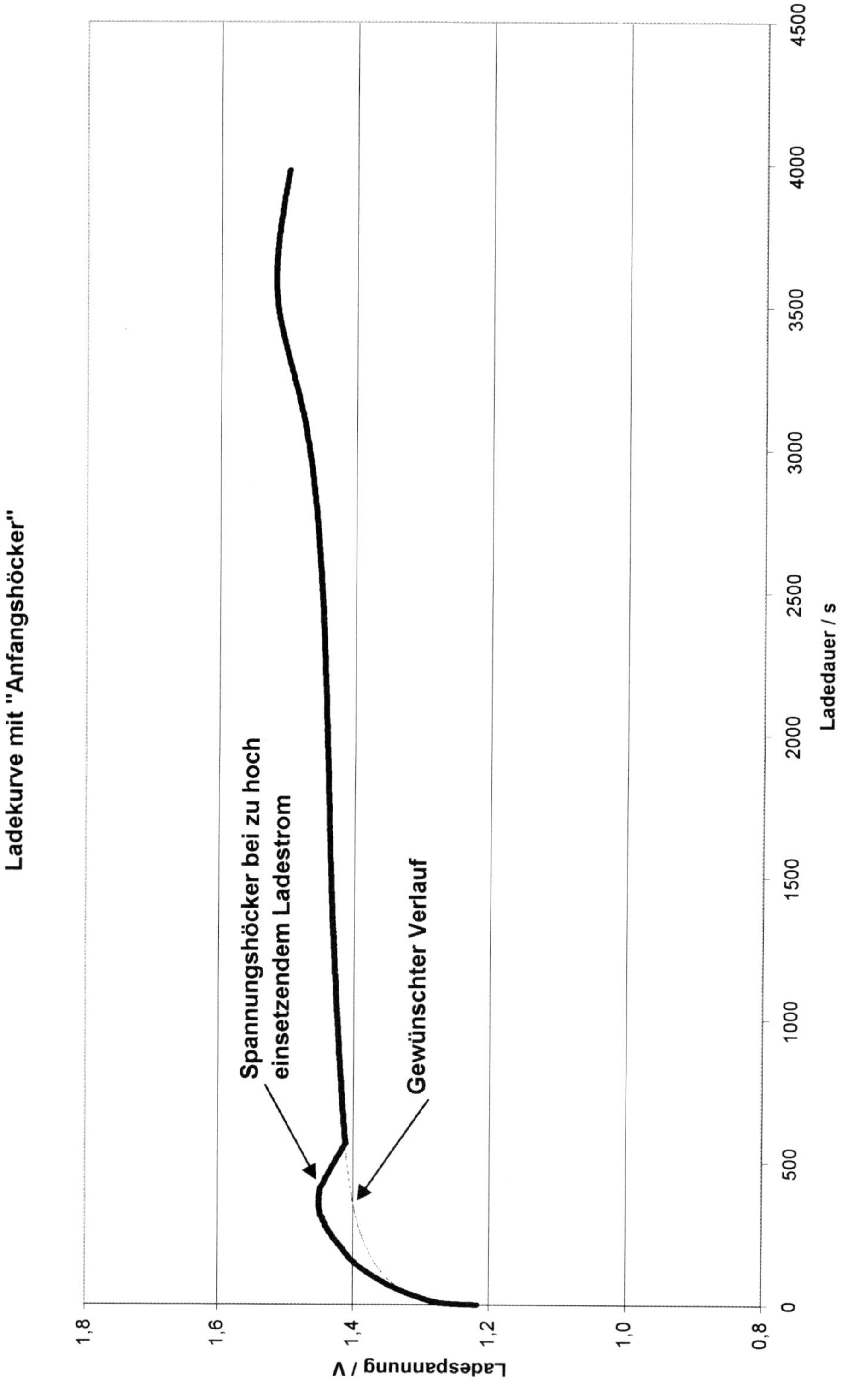

4.1.4-a Spannungsverlauf

maximal mögliche Strom (Kurzschluss-Strom). Die gesamte gespeicherte Energie wird am Innenwiderstand „verbraten". Die dadurch im Zelleninnern entstehende Wärme kann schädliche Ausmaße annehmen.

$$\mathbf{P_{verl} = I^2 \times R_i}$$

Anders liegen die Verhältnisse bei der *Ladung*. Hier addieren sich beide Spannungen, die Ladespannung der Zelle und der Spannungsabfall am Innenwiderstand, sodass die Ladespannung „hochgezogen" wird.

$$\mathbf{U_{lad} = U_o + R_i \times I}$$

Dies birgt die Gefahr, bei zu hohem Ladestrom unerwünschte elektrochemische Reaktionen (z. B. Zersetzung des Elektrolyten mit Gasbildung) hervorzurufen.

Aus diesem Grund begrenzt R_i auch den maximal möglichen Ladestrom. Anders formuliert: Eine höher belastbare Zelle ist auch schneller ladbar.

Der Innenwiderstand bildet eine komplexe Größe, hat also einen Gleichstrom- und einen Wechselstrom (jX)-Anteil. Letzterer ist hauptsächlich von der dreidimensionalen Elektrodengeometrie abhängig. Grundsätzlich bilden die sich in geringem Abstand gegenüberstehenden Elektrodenflächen eine Kondensatoranordnung (faradaysche Kapazität). Bei zylindrischen Zellen mit aufgewickelten Elektroden

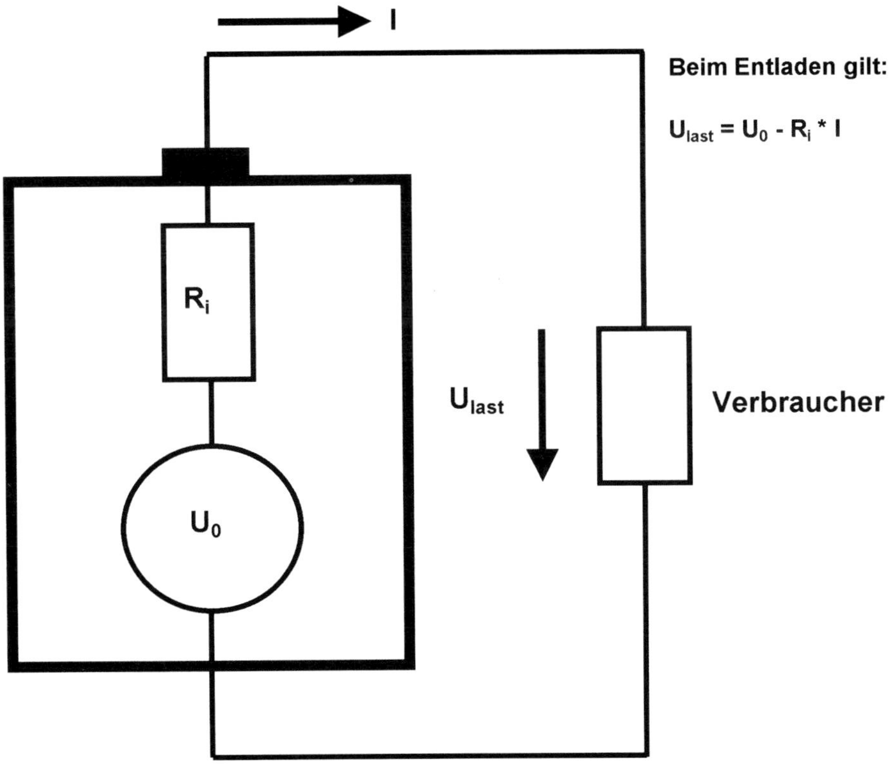

4.2-a

kommt eine (eher unerwünschte) Induktivität hinzu. Dieser Effekt lässt sich aber durch eine zweckentsprechende Ableiteranordnung mindern.

Interessanter und nachvollziehbarer ist der Gleichstromanteil des Innenwiderstands. Er ergibt sich zuerst mal aus der Widerstandssumme von Elektroden-Stromableitern sowie den dazwischen liegenden Verbindungen (nicht unwichtig!), den metallischen Komponenten also. Sie sollten demzufolge möglichst große Querschnitte aufweisen, was dann aber den verbleibenden Raum für die aktive „Zellenchemie" reduziert. Hinzu kommt noch jener Widerstandsanteil, für den die Leitfähigkeit des Elektrolyten verantwortlich ist. Der an diesen Komponenten verursachte Spannungsabfall bleibt weitgehend stromproportional.

Im Bereich des chemisch aktiven Elektrodenmaterials verbergen sich noch weitere „Widerstandsnester", deren Wert stark von thermischen Vorgängen innerhalb der Zelle abhängen, somit mit steigender Zellentemperatur mehr oder weniger stark fällt.

Eine letzte Widerstandskomponente betrifft den Übergang zwischen Elektrolyt und Elektroden. Hier kommt es bisweilen zu Gasungsvorgängen (Blasenbildung), welche dann letztlich die Reaktionsfläche reduzieren. Dieser Widerstandsanteil wächst mit Stromhöhe und Entladedauer. Man spricht hier auch von Polarisation. Schließlich kann sich bei manchen Akkutypen (z. B. Pb) in dieser Folge auch noch ein Konzentrationsgefälle durch Verdünnung des Elektrolyten einstellen, der ebenfalls zeitweise zu einem R_i-Anstieg führt.

Maßgeblich wird der Innenwiderstand von folgenden Faktoren beeinflusst:

- Zellengröße. Große Zellen haben einen geringeren Innenwiderstand (größere Reaktionsoberflächen, dickere Bleche).
- Temperatur. Hohe Temperaturen vermindern den Innenwiderstand, denn sie beschleunigen die chemischen Prozesse.
- Zellentechnologie und Zellendesign (d. h. konstruktive Schwerpunktsetzung).

4.2.1 *Ermittlung des Innenwiderstands R_i*

Die nachfolgende Darstellung beschränkt sich auf die Messung des Gleichstrom- Innenwiderstands (R_{dc}). Sie geschieht mit einer einfachen Messanordnung, nach Abb. 4.2.1-a, bei der die Zellenspannung bei zwei verschiedenen Strömen gemessen werden soll.

Bei hohen Anforderungen an die Messgenauigkeit müssten die Widerstände R_1 und R_2 durch Stromsenken ersetzt werden, um konstante Mess-Ströme zu erhalten. Die Stromhöhe richtet sich sowohl nach der Zellenkapazität als auch nach dem jeweiligen Zellentyp. Bei NiCd-Hochstromzellen beispielsweise soll laut EN 60285 der Mess-Strom I_1 dem Kapazitätswert der Zelle in Ampere (= 1 C, siehe Abschnitt

4.4) entsprechen. I_2 hat dann den 10-fachen Wert (= 10 C). EN 61436 legt für NiMH-Zellen Mess-Ströme von 0,2 C und 2 C fest.

Will man normgerecht arbeiten, ist dem Prüfling nach einer 16-stündigen Normalladung (mit 0,1 C) erst mal eine 1-stündige Ruhepause zu gönnen. Danach wird er mit I_1 belastet. Nach 10 Sekunden werden die Werte von U_1 und I_1 notiert. Danach wird sofort auf I_2 umgeschaltet und der zugehörige Spannungswert U_2 nach weiteren 3 Sekunden gemessen. Der Gleichstrominnenwiderstand ergibt sich dann nach folgender Formel:

$$\mathbf{R}_{(dc)} = \frac{\mathbf{U}_1 - \mathbf{U}_2}{\mathbf{I}_2 - \mathbf{I}_1}$$

Schaltet man mehrere Zellen zu einer Batterie in Reihe, so addieren sich die einzelnen Innenwiderstände zu einem Gesamtwiderstand.

Nicht immer vernachlässigbar sind in diesem Zusammenhang auch die Widerstände der äußeren Zellenverbinder.

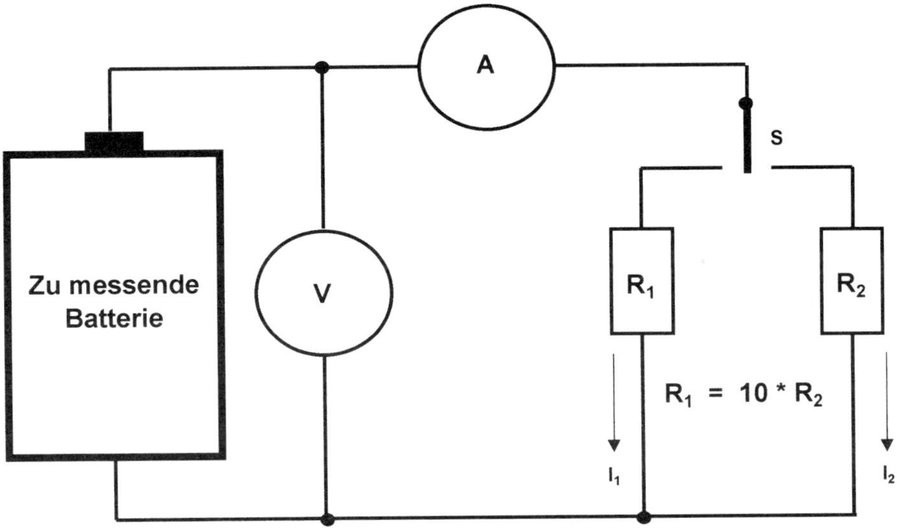

4.2.1-a

Einfacher lässt sich der Innenwiderstand mit dem unter 4.2.1-1 abgebildeten R_i-Meter (Fa. robbe) messen. Es ermittelt den Wechselstrom-Innenwiderstand (R_{iAC} gemessen bei 1000 Hz), wie er auch in den Datenblättern der Hersteller vermerkt ist. Das Messgerät ist speziell für Modellbauzwecke konzipiert und kann sowohl den Widerstand von Einzelzellen als auch die Gesamtimpedanz von Batterien bis zu 30 Zellen messen. Hierzu wird ein definierter 1000-Hz-Wechselstrom durch den Prüfling geschickt und der (AC-)Spannungsabfall gemessen. Die Messung erfolgt vierdrähtig mit hinreichend großer Genauigkeit über entsprechend konstruierte Prüf-

4.2.1-1 Misst den Innenwiderstand von Einzelzellen und Batterien: R_i-Meter von robbe

spitzen. Als Stromversorgung dienen zwei eingebaute 9-V-Batterien, die man allerdings zum Messen von sehr niederohmigen Hochleistungszellen (deren R_i im Bereich einstelliger Milliohm-Werte liegt) besser durch eine leistungsfähige externe Stromquelle ersetzen sollte. Ein entsprechendes Adapterkabel ist im Lieferumfang enthalten.

Das Gerät eignet sich zum Selektieren von Zellen für Hochleistungsanwendungen, zur Erfolgskontrolle leistungssteigernder Maßnahmen (s. Kapitel 8.7) oder zur Tauglichkeitsuntersuchung bei älteren Akkus.

4.3 Kapazität C

Der Begriff bezeichnet jene Ladungsmenge in Amperestunden (Ah oder auch mAh, also Milliamperestunden), die ein Akku speichern kann. Gemessen wird sie gewöhnlich bei 5-stündiger Entladung bis zur angegebenen Entladeschluss-Spannung. Man spricht dann von der sogenannten *Bemessungskapazität* oder *Nennkapazität*. Ein Akku, der 5 h lang 0,4 A Entladestrom liefern kann, hat somit eine Kapazität von 0,4 A × 5 h = 2,0 Ah. Doch Vorsicht: Bei manchen Akkutypen wird die Nennkapazität auch für 10- oder 20-stündige Entladung definiert.

Je nach Akkutyp ist die **entnehmbare Kapazität** mehr oder weniger von der Höhe des Entladestroms abhängig. Sie sinkt oft, speziell beim Bleiakku, mit höherer Belastung drastisch ab. Einfluss auf die entnehmbare Kapazität hat auch die Höhe (besser Tiefe) der Entladeschluss-Spannung, die man sich bei der Entladung erlaubt (siehe auch 4.1.3 Entladeschluss-Spannung).

Zudem unterliegt die Kapazität einem gewissen Temperatureinfluss. Unterhalb der Normaltemperatur ist (abhängig vom Akkutyp) mit deutlichem Kapazitätsrückgang zu rechnen. Bei höheren Temperaturen (> 50 °C) gewinnen dann aber häufig andere, nachteilige Effekte die Oberhand, welche Einsatzbereich und Kapazitätszuwachs eingrenzen.

Von Einfluss auf die entnehmbare Kapazität sind zudem das Ladeverfahren wie auch überhaupt das „Vorleben" der Batterie.

Natürlich unternehmen die Entwickler erhebliche Anstrengungen, die Kapazitätsausbeute bei gleichbleibender Zellengröße (und -masse) ständig zu erhöhen. Das

Ergebnis sind sogenannte Hochkapazitätszellen. Oftmals wird die Kapazitätssteigerung aber mit einem höheren Innenwiderstand erkauft. Auch auf dem Batteriesektor haben die Medaillen zwei Seiten!

4.3.1 C-Rate

Ob ein bestimmter Lade-Entladestrom für einen Akku eine noch zumutbare Belastung darstellt, hängt u. a. von der jeweiligen Zellengröße ab. Gesucht ist also ein relativer Stromwert, bezogen auf die Zellengröße. Ein Maß für diese Größe stellt zweifellos die Kapazität des Akkus dar, die zudem den Vorzug hat, meistens auf dem Zellenlabel aufgedruckt zu sein. Als „Lastnormal" wurde daher die sogenannte *C-Rate* definiert. 1 C ist der Stromwert in A, welcher der angegebenen Kapazität in Ah entspricht. Bei einem 3-Ah-Akku sind also 3 A = 1 C. Wird der Akku z. B. mit 6 A geladen, so spricht man von der Laderate 2 C, bei Ladung mit 0,3 A wären es somit 0,1 C.

Dies hat in der Praxis den Vorzug, dass Ladeempfehlungen oder aber auch Belastungsgrenzwerte für ganze Typenreihen von Akkus formuliert werden können.

4.4 Wirkungsgrad

Ein Akku ist ein Energiespeicher, der möglichst viel von dem, was man bei ihm „einlagert", auch wieder herausrücken soll. Doch wie immer geht es nicht ganz ohne Verluste ab. Dies liegt zum einen daran, dass im Akku neben den erwünschten chemischen (Haupt-)Reaktionen auch noch Nebenreaktionen stattfinden, die im Ergebnis Energie kosten. Diese sind zum Teil auch für *Selbstentladungsprozesse* in den Zellen verantwortlich, die natürlich nicht nur im Zustand der Ruhe, sondern auch schon während der Ladung und bei der Entladung ablaufen. Dadurch bleibt ein Teil der Ladung „auf der Strecke". Zudem nimmt man im Interesse einer restlosen Kapazitätsausnutzung bei NiCd- und NiMH-Akkus wie auch zum Zwecke der sicheren „Voll"-Erkennung zuweilen ein gewisses Maß an Überladung in Kauf.

Diese Betrachtung, bei der nur die Ladungsmenge von Interesse ist, mündet in den *Amperestunden-(Ah-)Wirkungsgrad,* auch als *coulombscher Wirkungsgrad* bezeichnet:

$$\text{Ah-Wirkungsgrad} = \frac{\text{entnehmbare Ladung (Ah)}}{\text{zugeführte Ladung (Ah)}}$$

Eine andere Darstellungsart für den Amperestunden-Wirkungsgrad ist der *Ladefaktor*. Er entspricht dem Kehrwert des Ah-Wirkungsgrads:

$$\text{Ladefaktor} = \frac{\text{zugeführte Ladung (Ah)}}{\text{entnehmbare Ladung (Ah)}} = \frac{1}{\text{Ah-Wirkungsgrad}}$$

Hierbei ist allerdings noch nicht mitberücksichtigt, dass die zum Laden benötigte Spannung stets höher als die Entladespannung sein muss. Wird auch dies mit eingerechnet, so erhält man den *Energiewirkungsgrad* oder *Wattstunden-(Wh-)Wirkungsgrad*. Er ist stets kleiner als der Ah-Wirkungsgrad.

$$\textbf{Wh-Wirkungsgrad} = \frac{\textbf{entnehmbare Energie (Wh)}}{\textbf{zugeführte Ladung (Ah)}}$$

Der Wh-Wirkungsgrad ist überall dort von Bedeutung, wo die verfügbare Energie knapp und/oder teuer ist, z. B. bei Speicherbatterien an Solaranlagen.

4.5 Energiedichte

Unter *Energiedichte* versteht man die gespeicherte Energie (Wh) eines Akkus in Relation zu seinem Volumen. In diesem Zusammenhang ist auch oftmals etwas redundant von ***volumetrischer Energiedichte*** die Rede. Praktischerweise wird sie in Wh/cm^3 oder auch Wh/l angegeben.

Noch häufiger allerdings interessiert die Energiedichte in Bezug auf das Gewicht bzw. die Masse eines Energiespeichers. Eingebürgert haben sich die Begriffe ***massebezogene*** oder ***gravimetrische Energiedichte.*** Korrekt spricht man von ***spezifischer Energie***. Die Maßeinheit ist Wh/kg.

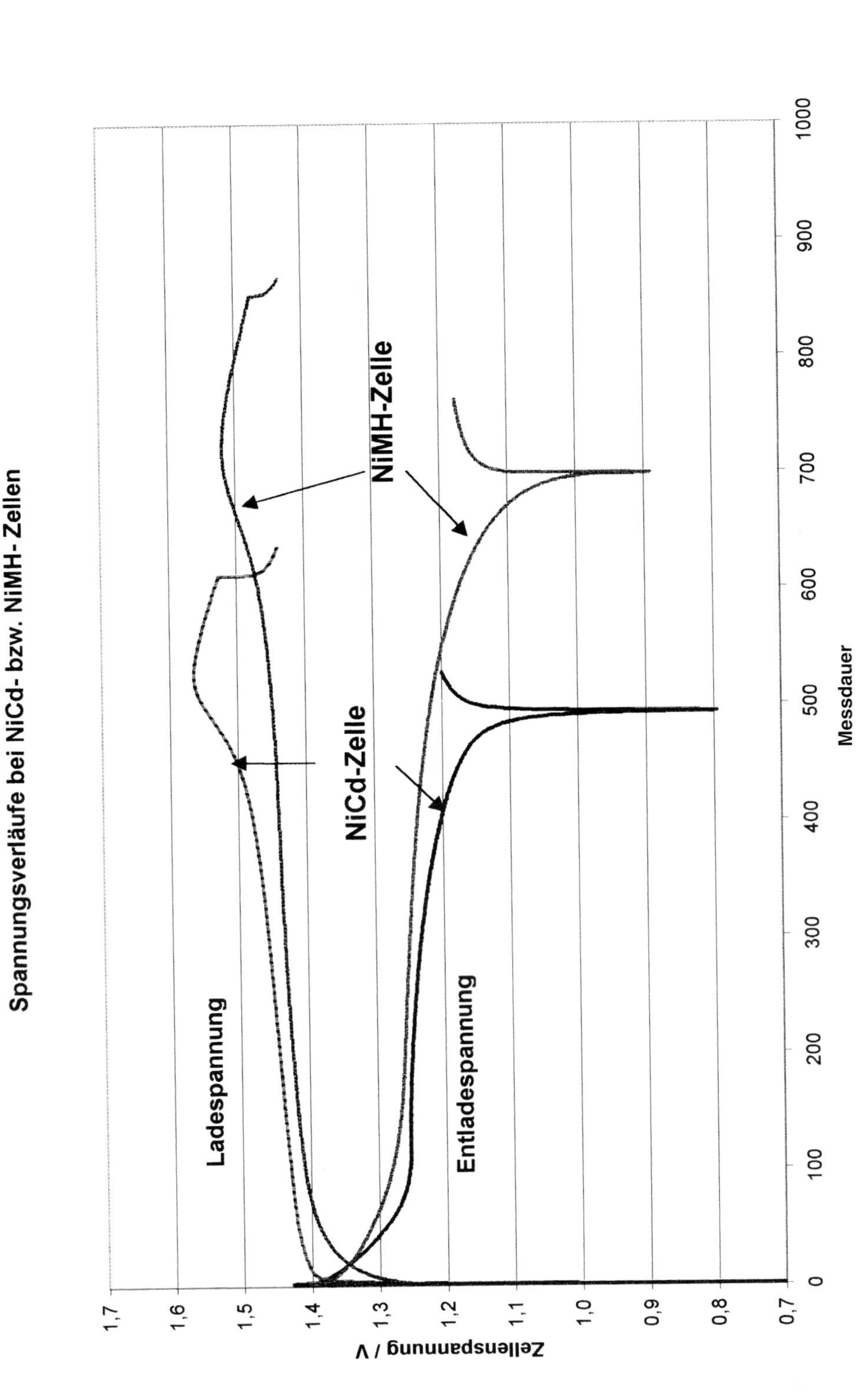

4.4-a *Hier werden die unterschiedlichen Wirkungsgrade der NiCd- und der NiMH-Technologie sichtbar. Bei NiMH ist die Ladespannung kleiner und die Entladespannung (bei I < 2 C) höher. Daraus resultiert ein besserer Wirkungsgrad*

5 Bauformen von Akkumulatoren

Akkus begegnen uns in verschiedenen Bauformen. Diese hängen vom Einsatzzweck der Batterie wie auch von deren „Innenleben" ab. Handelsüblich sind folgende Gehäuseformen:

- Knopfzellen
- Zylindrische Zellen
- Prismatische Zellen

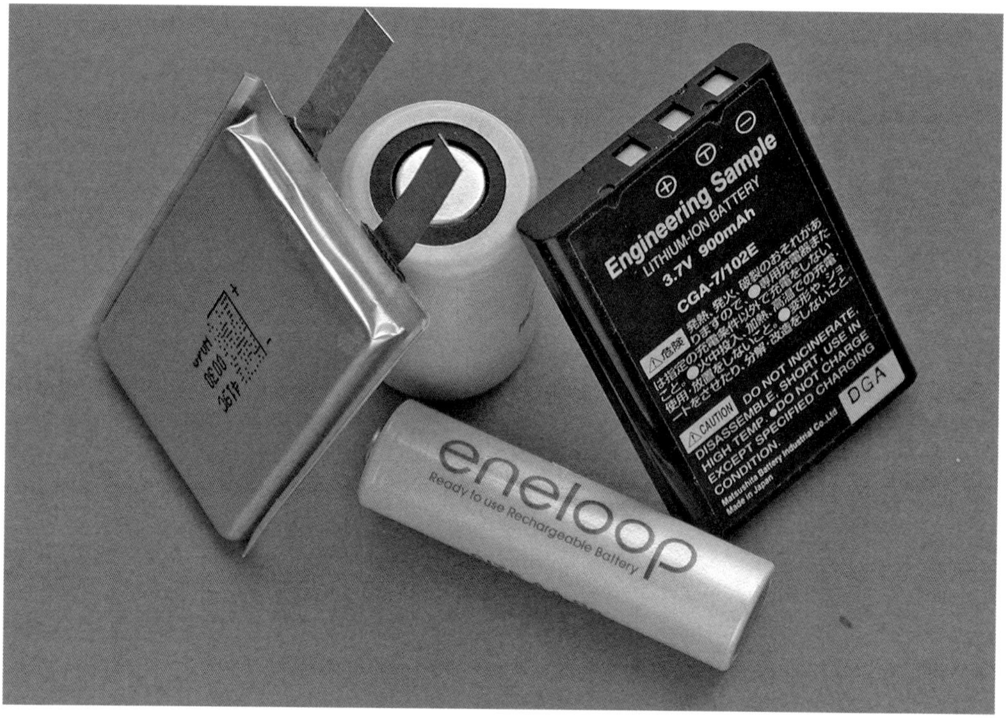

5-1

Knopfzellen und zylindrische Zellen sind üblicherweise als Einzelzellen im Handel und müssen zu Batterien aneinandergereiht werden. Aufgrund der runden Form können diese Zellen erheblichen Innendrücken standhalten.

Prismatische Zellen hingegen dürfen den Vorzug einer besseren Raumausnutzung für sich verbuchen. Oftmals sind bereits mehrere zu einer Batterie verbundene Zellen in einem Gehäuseblock vereint (Beispiel: Kfz-Starterbatterie).

Eine besonders günstige Raumausnutzung bieten Folienzellen (links in Bild 5-1). Sie können ohne großen Aufwand beinahe in jeder Passform gefertigt werden, nutzen so die begrenzten Batterieräume von Handys, Notebooks und Kameras optimal aus. In sehr geringem Maß sind sie sogar „biegsam":

- Um den zumeist flüssigen Elektrolyten an der „Flucht" zu hindern, sind alle Zellengehäuse mehr oder weniger wirksam abgedichtet. Hierbei muss allerdings berücksichtigt werden, dass bei unsachgemäßer Handhabung im Inneren der Zellen infolge Gaserzeugung hohe Drücke entstehen können, denen die Zellengehäuse nicht unbegrenzt standhalten. Deshalb ersannen die Konstrukteure verschiedenartige „Notausgänge". Im Einzelnen sind z. T. feine Unterscheidungen zu beachten:
- **Geschlossene Zelle*** (vented cell): Zellendeckel haben kleine Öffnungen, durch welche die Gase entweichen können. Außerdem lassen sich die Verschluss-Stopfen der Zellen entfernen, um z. B. Elektrolyt bzw. Wasser nachfüllen zu können. Derartige Batterien dürfen nur in annähernd waagerechter Lage (bis zu einem maximalen Neigungswinkel) betrieben werden.
- **Verschlossene Zelle** (sealed cell): Wieder schließende Zellenventile lassen u. U. entstehenden Gasüberdruck entweichen. Der Flüssigkeitshaushalt bedarf über die normale Nutzungsdauer der Batterie hinweg keiner äußeren Eingriffe (wartungsfrei!?). In der Regel arbeiten solche Zellen lageunabhängig.
- **Gasdichte Zelle** (gastight cell): Über die Brauchbarkeitsdauer wartungsfrei und in jedem Fall lageunabhängig einsetzbare Zelle. Bei Erreichen eines kritischen Innendrucks öffnet ein Sicherheitsventil, durch das lageabhängig auch Elektrolyt austreten kann (siehe Abb. 5-b).
- **Hermetisch dichte Zelle** (hermetically sealed cell): Gasdichte Zelle, deren zulässige Heliumleckrate genau definiert ist.

Es existieren je nach Zellentyp und Preisklasse *Zellenventile* verschiedener Machart:

1. Die einfachste Möglichkeit stellt eine dünne Membrane dar, welche von einer Nadel durchstochen wird, wenn der Innendruck einen zulässigen Wert übersteigt. Es handelt sich also um eine reine Sicherheitsvorkehrung, welche das Explodieren der Zelle verhindern soll. Da der Durchstich anschließend nicht mehr „verheilt", bedeutet er leider das Ende des Zellenlebens. Die Zelle trocknet aus.
2. Besser sind wiederschließende Rückschlagventile, welche nach Entweichen des Überdrucks erneut schließen, sodass die Zelle funktionsfähig bleibt. Solche Ventile können entweder als Gummistopfenventil oder als Federventil ausgeführt sein. Letzteres ist technisch aufwändiger, stellt aber eindeutig die bessere Lösung dar, da bei Gummistopfen im Lauf eines Akkulebens gewisse Zersetzungs- und Ermüdungserscheinungen nicht auszuschließen sind. Gummistopfenventile geben beim Abblasen des Überdrucks pfeifende Geräusche von sich. Federventile knallen.

* Anmerkung: In der Fachliteratur wird gelegentlich etwas vereinfacht von **offenen** Systemen (gemeint sind im Sinne obiger Definition „nur" geschlossene Zellen) gesprochen.

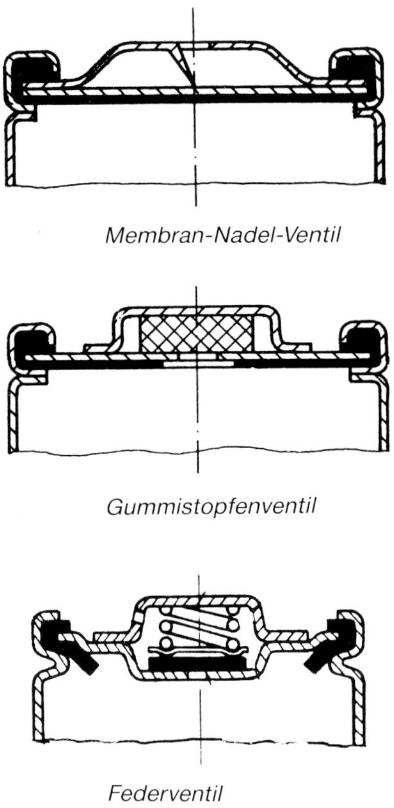

5-b

3. Bei Zellen, die auch im Störungsfall absolut dicht bleiben müssen (weil z. B. die austretenden Inhaltsstoffe ein hohes Maß an Toxizität besitzen), kommt ein internes Abschaltventil zum Einsatz. Es trennt den Stromkreis der Zelle intern auf, wenn Innendruck oder auch Zellentemperatur ein bestimmtes Limit übersteigen. Sicherheitshalber unterbrechen solche Ventile irreversibel, sodass die Zelle damit ein für alle Mal „außer Gefecht" ist.

Eine neue Art der Akkuverpackung stellen sogenannte Softpacks dar, wie sie heute im Bereich der Lithiumtechnik (LiPos) Standard sind. Hier entwickelt die Folienverpackung eine gewisse, wenn auch nur geringe Druckresistenz. Entstehen im Inneren Gase, so bläht sich die Verpackung auf. Dies sollte als Zeichen gewertet werden, die Zelle zu entsorgen, da sie bei fortschreitender Gasentwicklung platzen und im Extremfall sogar brennen kann.

5.1 Zellenbezeichnungen

Akkuzellen, die für den Konsumer- und Hobbymarkt gebaut werden (es handelt sich hierbei fast ausschließlich um Rundzellen), sollten zweckmäßigerweise in einheitlicher Weise gekennzeichnet werden, um sie für den jeweiligen Einsatzzweck unterscheidbar zu machen. Dies geschieht meist in Form eines Buchstabencodes. Damit können folgende Eigenschaften bzw. Verwendungsempfehlungen vermittelt werden:

a) Äußere Abmessungen (Durchmesser × Höhe)

b) Zellendesign (Belastbarkeit, Kapazitätsausbeute, Lagerfähigkeit)

c) Ladegeschwindigkeit (dauerladefähig, schnellladbar)

d) Temperaturbereich (für Extremtemperatureinsätze)

Leider hat sich nur bezüglich der räumlichen Außenmaße markenübergreifend eine einheitliche Bezeichnungsweise durchgesetzt bzw. erhalten. Sie ist historisch gewachsen, spiegelt daher nur noch teilweise die Einsatzwelt moderner wiederaufladbarer Stromquellen wider.

Zellenbezeichnung	**Zellendurchmesser in mm**	**Typische Zellenhöhe in mm**
TA	7,5	42
AAA	10	44
AA	14	50
A	17	28
SC	23	43
C	26	50
D	34	61
F	34	91
M	43	91

Streng festgelegt sind hierbei allerdings nur die Becherdurchmesser. Die Zellenhöhen hingegen können innerhalb einer Bezeichnung differieren. So existieren beispielsweise bei SC-(SubC-)Zellen verkürzte Zellenvarianten mit der Bezeichnung $^2/_3$ SC (typische Zellenhöhe 33 mm) oder $^5/_4$ SC-Langzellen (typische Zellenhöhe 50 mm).

Auch tragen Zellenformate mit hohem Verbreitungsgrad marktgängige Zusatzbezeichnungen. So werden Zellen des Formats AAA als „Mikrozellen" gehandelt, während AA-Akkus als „Mignonzellen" kursieren. Die C-Größe wird als „Babyzelle" bezeichnet, während Zellen im D-Format als „Monozellen" bekannt sind.

Alle anderen Zeichen werden meist firmenspezifisch definiert und leider auch ohne verlässliche Langzeitkonstanz verwendet (siehe hierzu auch Abschnitt 7.3 Zellentypen).

6 Laden von Akkus

Laden bedeutet, dem Akku eine hinreichende Menge elektrischer Energie zuzuführen. Dabei müssen Spannung und Strom sich innerhalb der für den jeweiligen Akkutyp zulässigen Grenzen bewegen.

Zum Zweck des Ladens verbindet man Ladegerät und Akku polgleich (Plus an Plus; Minus an Minus).

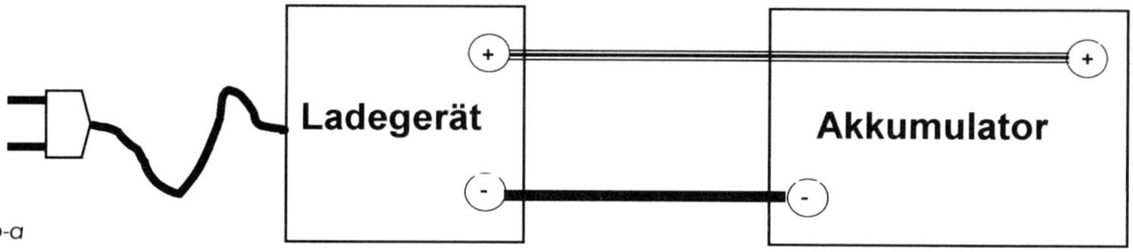

6-a

Damit ein Ladestrom fließt, muss die Ladestromquelle eine Spannung vorhalten, die in jeder Ladephase größer als die momentane Akkuspannung ist. Die Stromstärke ergibt sich dann aus der Spannungsdifferenz und dem Widerstand des Ladestromkreises.

$$I_{lade} = (U_{ladegerät} - U_{akku})/R_{ladekreis}$$

6.1 Ladetechnische Grundbegriffe

6.1.1 *Ladezyklus*

- **Vollladezyklus:** Zuvor leerer Akku wird vollständig bis zum Erreichen der Maximalkapazität aufgeladen.
- **Teilladezyklus:** Es wird nur ein Teil der möglichen Ladekapazität genutzt.

6.1.2 *Ladearten*

Den Ladearten (Lademethoden) im Sinn dieser Aufstellung liegt meist ein bestimmter Ladezweck zugrunde.

- **Teilladung:** Akku wird nur teilweise aufgeladen.
- **Vollladung:** Akku wird vollständig aufgeladen.
- **Überladung:** Akku wird über den Zeitpunkt der Vollladung hinaus weitergeladen.
- **Erhaltungsladung:** Ladestrom dient dem Ausgleich der Selbstentladung.

- **Dauerladung:** Ladestrom fließt ununterbrochen.
- **Intermittierende Ladung:** Ladestrom wird zeitweilig unterbrochen.
- **Pulsladung:** Ladestrom wird in Form kurzer Strompulse zugeführt (auch Impulsladung).
- **Reflexladung:** Ladestrom wird durch rhythmische Entladepulse unterbrochen.
- **Formierungsladung:** Alle Zellen einer Batterie werden auf einheitlichen Ladezustand gebracht.

6.1.3 Ladekennlinien

Je nachdem, ob bzw. wie das Ladegerät auf die sich während des Ladens ändernde Akkuspannung reagiert, unterscheidet man drei Grundformen:

- **I-Ladung** (Konstantstromladung): Ladegerät ändert seine Spannung bzw. seinen Widerstand jeweils so, dass der Ladestrom konstant bleibt. Auch wird häufig der Begriff CC-(Constant Current-)Kennlinie verwendet.
- **U-Ladung** (Konstantspannungsladung): Ladegerät hält seine Spannung konstant. Der Ladestrom fällt mit steigender Batteriespannung. Auch wird häufig der Begriff CV-(Constant Voltage)-Kennlinie verwendet.
- **W-Ladung** (ungesteuerte Ladung): Ladegerät hält nur seinen Widerstand konstant. Batteriespannung und Ladestrom verändern sich gleichzeitig, jedoch gegensinnig und werden mit von den Akkudaten bestimmt.

Ladekennlinie	Kurzzeichen	Zeitlicher Ladeverlauf
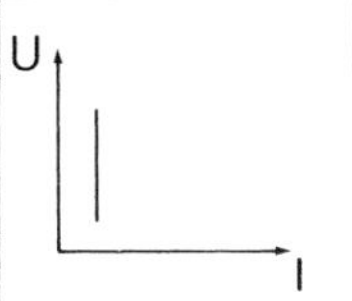	I	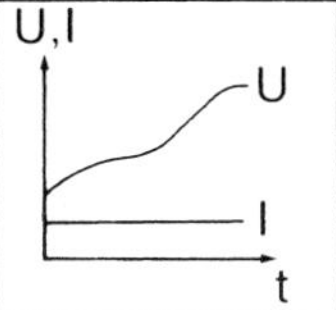
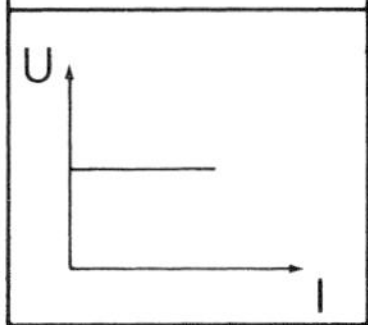	U	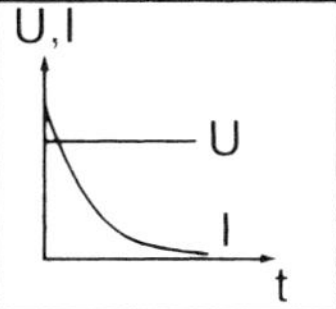
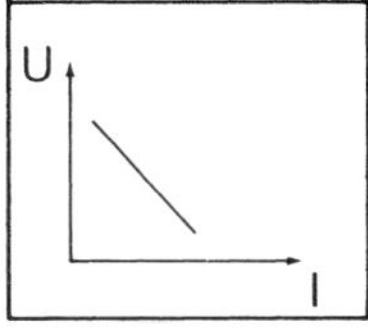	W	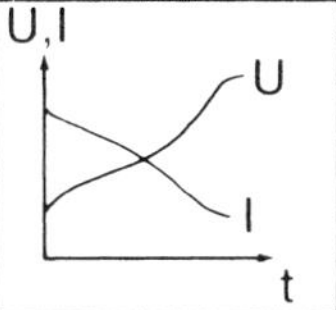

6.1.3-a

Im „Ladealltag" treten diese drei Grundformen meist nicht in reiner Form auf. Oft besteht der Ladevorgang aus mehreren verschiedenen Phasen. So beginnt die Ladung beispielsweise deshalb mit konstantem Strom (I-Ladung), weil das Ladegerät nicht mehr liefern kann oder ein Akku nur mit begrenzter Stromstärke geladen werden darf. Bei zunehmender Ladung (und steigender Akkuspannung) wird dann aber die Spannungsbegrenzung (U-Ladung) aktiv, um einer Überladung des Akkus zu begegnen.

Spannungs- bzw. Stromregelung setzt den Einsatz elektronischer Baugruppen im Ladegerät voraus. Geräte einfacher Technik arbeiten meist nach der W-Kennlinie.

6.1.4 Laderaten

Natürlich wünscht der Verbraucher einen Akku, welcher, nachdem er seine gespeicherte Energie abgegeben hat, in möglichst kurzer Zeit „wiederbefüllt" werden kann. Der Ladegeschwindigkeit sind aber Grenzen gesetzt, meist schon durch die Leistungsfähigkeit des Ladegeräts und der verwendeten Verbindungstechnik (Anschlüsse, Kabel, Stecker). Möchte man beispielsweise einen Akku mit einer Kapazität von 5 Ah in 6 Minuten ($^1/_{10}$ h) vollständig aufladen, so müsste das Gerät einen mittleren Ladestrom von 50 A liefern können.

Doch auch die Chemie der Zelle begrenzt oftmals den Ladestrom von sich aus. Die Reaktionen an den Elektroden benötigen Zeit. Dabei erweist es sich als nur „scheinlogisch", wenn aus der Zulässigkeit hoher Entladeströme die Schlussfolgerung gezogen wird, dann müssten doch auch die Ladeströme ähnlicher Größenordnung erlaubt und möglich sein. Dabei wird unter anderem nicht bedacht, dass die Ströme die Zellenspannung verändern.

Während bei der Entladung der Spannungsabfall am Innenwiderstand eine sinkende Klemmenspannung zur Folge hat, steigt diese unter dem Einfluss des Ladestroms an. Zu hohe Ladeströme können somit entsprechend hohe Spannungen an den Klemmen des Akkus oder auch nur in bestimmten Bereichen zellenintern erzeugen, die beispielsweise eine Zersetzung des Elektrolyten zur Folge haben können. Aus diesem Grund verdienen Ladestromempfehlungen der Hersteller Beachtung.

Für Akkus, die nach der I-Kennlinie (mit Stromeinprägung) geladen werden, wurden folgende Laderaten definiert:

- **Normalladung:** Ladung mit 0,1 C. Rein rechnerisch wäre ein Akku damit in 10 Stunden vollgeladen. Weil der Ladewirkungsgrad aber immer < 1 ist, ist es unumgänglich, mindestens 12 h lang mit 0,1 C zu laden. Um weiteren Eventualitäten (erhöhte Selbstentladung, positive Kapazitätsstreuung) zu begegnen, lautet die Ladeempfehlung der Hersteller meist 14 bis 16 h mit 0,1 C.

- **Beschleunigte Ladung:** Grundsätzlich vertragen moderne Akkuzellen auch „Fastfood". Höhere Laderaten von 0,2 bis 0,3 C sind die Regel, Ströme bis 0,5 C sind noch nicht die Ausnahme. Beachten sollte man mit steigender Laderate jedoch die Folgen einer eventuellen Überladung (siehe 6.1.2).

- **Schnellladung:** Es ist üblich, Laderaten = > 1 C als Schnellladung zu bezeichnen. Die Schnellladefähigkeit eines Akkus hängt von seiner Bauart und auch von veränderlichen Parametern ab, wie etwa der Zellentemperatur und Zellenspannung. In jedem Fall ist es bei Schnellladung unverzichtbar, den Zeitpunkt der Vollladung genau zu erkennen und den hohen Ladestrom dann abzuschalten, weil eine Überladung mit hohem Strom meist schädliche, oft irreversible Folgen hat.

6.1.5 Betriebsarten

Ohne vorhandenes Ladegerät taugt ein Akku langfristig nur als Briefbeschwerer. Ein Akku muss also die durch den Verbraucher entnommene Ladung immer wieder zugeführt bekommen. Dies kann auf verschiedene Weise (Betriebsarten) geschehen:

- **Zyklenbetrieb:** Akku wird nur bei Bedarf (wenn entladen) mit dem Ladegerät verbunden und dann in der Regel voll aufgeladen. Diese Betriebsart findet sich vorwiegend dort, wo ein Akku als mobile Energiequelle benutzt wird (Telefon, Modelltechnik, Elektrofahrzeuge, Powertools).
- **Bereitschafts-Parallelbetrieb:** Akku ist dauernd mit dem Ladegerät verbunden und wird laufend nachgeladen. Typische Betriebsart für Fälle, in denen Akku und Ladegerät bzw. Generator eine fest verbundene Einheit bilden (Notstromversorgung, Kfz-Stromversorgung, Solaranlagen).
- **Pufferbetrieb:** Ladegerät, Akku und Verbraucher (mit stark schwankender Last) bilden eine geschlossene Einheit. Das Ladegerät ist nur für den durchschnittlichen Verbrauch bemessen. Stromspitzen deckt der Akku, welcher in Zeiten geringen Verbrauchs dann wieder aufgeladen wird.

7 Der Nickel-Cadmium-(NiCd-)Akku

NiCd-Akkus sind hochbelastbar und robust (d. h., sie sind mit beachtlichen Nehmerqualitäten ausgestattet). Große Produktionschargen sorgen zudem für Preisgünstigkeit.

Auf der Negativseite stehen eine vergleichsweise geringe spezifische Energie (40 bis 55 Wh/kg), der bekannte Memoryeffekt (siehe 7.6.1) sowie das wegen giftiger Inhaltsstoffe (Schwermetall Cadmium) schwerwiegende Entsorgungsproblem.

Im Freizeit- und Konsumerbereich spielen derzeit ausschließlich gasdichte NiCd-Akkus eine Rolle, weshalb sich die hier gemachten Ausführungen auf diese Bauform beschränken können.

Allerdings gehen die Entwicklungsbemühungen bei NiCd-Zellen nicht mehr in Richtung Hochkapazität. Hierfür eignen sich zwischenzeitlich andere Technologien besser.

7.1 Aufbau gasdichter NiCd-Zellen

7.1.1 *Zylindrische Zellen*

Aufgrund der hohen Drücke, die im Inneren einer NiCd-Zelle entstehen können (10 bis 15 bar), kommen nur runde Zellenformen infrage. Das zylindrische, nickelbeschichtete Stahlblechgehäuse ist gleichzeitig der Minuspol. Dementsprechend fungiert der durch eine Isolierdichtung getrennte Zellenkopf als Pluspol. Die meist etwas erhöhte Pluspolkappe beherbergt das Sicherheitsventil, welches bei größeren Zellen selbstschließend ausgeführt ist. Sanyo baut hier Federventile ein, mehrheitlich werden jedoch Gummistopfenventile verwendet (Kostengründe). Bei sehr kleinen Zellengehäusen findet man zuweilen lediglich ein Nadelventil, das bei abnormal hohem Innendruck eine Membran durchsticht, um eine Explosionsgefahr abzuwenden. Zellen dieses Typs werden danach durch allmähliche Austrocknung unbrauchbar.

Das Innenleben der Zellen bestimmen die spiralförmig aufgewickelten Elektroden. Das sind dünne Folien aus Nickel (+) bzw. Stahlblech (–), auf welche die elektrochemisch aktive Elektrodenbeschichtung aufgebracht ist. Dies geschieht je nach Art und Verwendungszweck der Batterien z. B. durch Aufsintern von pulverförmigem Aktivmaterial (Sinterzellen). Ein anderes Verfahren besteht darin, das Beschichtungsmaterial mit einem Bindemittel zu einer Paste angerührt aufzuwalzen oder mittels Pressbeschichtung aufzubringen. Verwendung findet auch geschäumtes Nickelsubstrat, in welches das aktive Material eingelagert wird. Entwicklungsziel ist hierbei stets, eine möglichst große reaktive Oberfläche zu erreichen (Kapazität), eine gute elektrische Verbindung zwischen Elektroden- und Trägermaterial herzustellen (Innenwiderstand) sowie eine dauerhafte mechanische Stabilität des Verbunds zu garantieren (Zyklenzahl, Lebensdauer). Ohne auf die einzelnen herstellerspezifischen „Kochrezepte" eingehen zu können, sei erwähnt, dass bei hochbelastbaren Zellen nach wie vor die Sintertechnik vorherrscht, während zum Erreichen hoher spezifischer Kapazitäten gepresste bzw. geschäumte Elektroden bevorzugt werden. Auch gemischte Techniken (z. B. pos. gesintert, neg. gepresst) sind üblich (Mischzellen). Allerdings gehen die Entwicklungsbemühungen bei NiCd-Zellen nicht mehr in Richtung Hochkapazität. Hierfür eignen sich zwischenzeitlich andere Technologien besser.

Beide Elektroden werden durch eine Trennfolie *(Separator, Scheider)* auf Abstand gehalten. Diese besteht gewöhnlich aus einem Polyamidfaservlies. Bei Zellen für Hochtemperaturanwendungen sind nichtverwobene Polypropylenfasern die Stoffe der Wahl. Material und Dicke bestimmen auch hier die Eigenschaften der Zelle in sehr entscheidender Weise mit. Er muss beide Elektroden sicher trennen und soll den Ionenfluss möglichst wenig behindern und dazu gasdurchlässig bleiben.

Der Elektrolyt, eine wässrige Lösung von *Kaliumhydroxid (Kalilauge)*, wird normalerweise vollständig vom Elektrodenmaterial und dem Separator absorbiert.

Die Elektroden bilden zusammen mit dem Scheider einen strammen Wickel, der beim Herstellungsprozess in das oben noch offene Zellengehäuse versenkt wird. Um die Kontaktierung zu erleichtern, steht die positive Folie etwas nach oben über, die negative hingegen nach unten. Die Verbindung zu den Polen kommt durch direkt angeschweißte Ableiter oder lochblechähnliche Stromkollektoren zustande, welche ihrerseits durch Ableiterstreifen mit den jeweiligen Polen verbunden sind. Die Güte des auf diese Weise zustande kommenden Kontakts bestimmt den Innenwiderstand und damit die Belastbarkeit der Zelle ganz entscheidend mit.

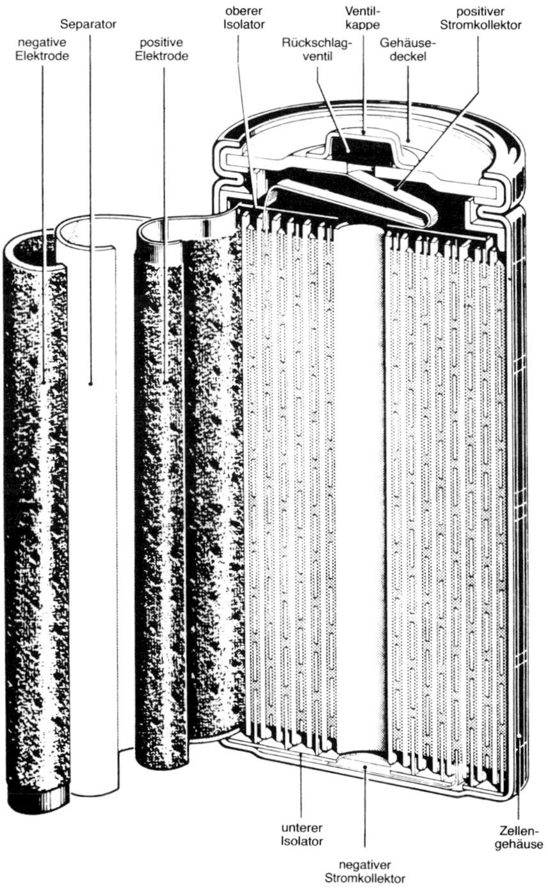

7.1.1-a Aufbau einer Sinterzelle (Sonnenschein)

7.1.2 Knopfzellen

Sie haben in den letzten Jahren gegenüber zylindrischen Zellen an Bedeutung verloren.

Die Elektroden werden hier direkt aus den chemisch aktiven Substanzen gebildet, welche zu Tabletten gepresst sind. Um die elektrische Leitfähigkeit dieser Tabletten zu erhöhen, wird ihnen Graphit oder Nickelpulver beigemengt. Zur Stromableitung sind diese Masse-Elektroden von einem Nickeldrahtnetz umhüllt. Beide Elektrodentabletten werden durch ein feinporiges Scheidervlies getrennt.

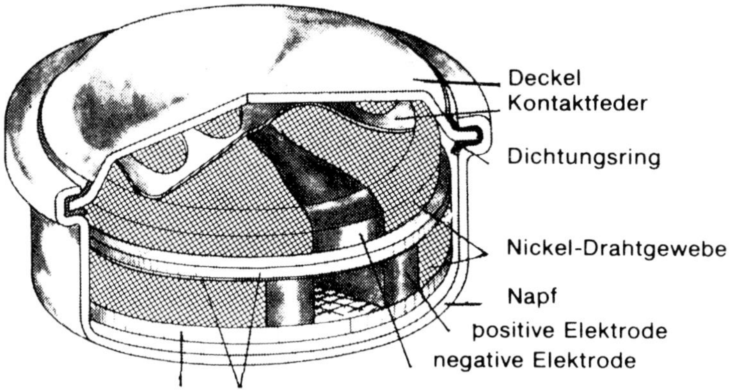

7.1.2-1 Aufbau einer Massezelle (Knopfzelle von Varta)

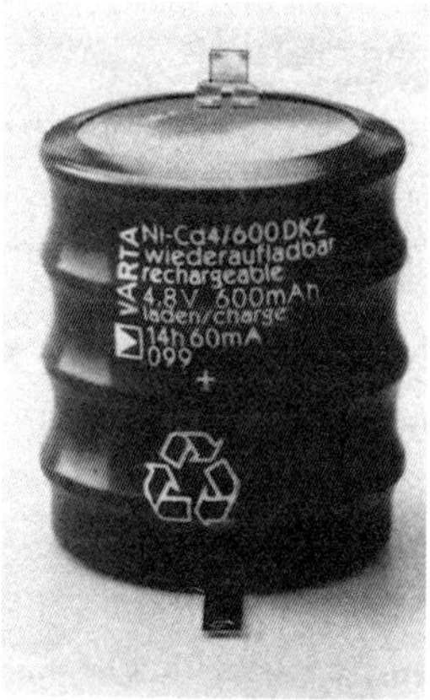

7.1.2-2 Batterie aus 4 Knopfzellen im Schrumpfschlauch

Da die gepressten Elektroden von sich aus keinen mechanischen Halt bieten, werden sie in kleine, gasdichte, knopfförmige Gehäuse eingezwängt. Eine gewellte Kontaktfeder im Inneren sorgt für einen konstanten Pressdruck auf die Elektroden und sichert so einen guten Kontakt zu den als Ableiter fungierenden Gehäuseteilen.

Entgegen allgemeiner Gepflogenheit auf dem Sektor der chemischen Elemente stellt der Gehäusedeckel bei NiCd-Knopfzellen den Minuspol dar, der Pluspol liegt am Gehäuse.

Diese Knopfzellen werden von der Firma Varta mit der Firmenkennzeichnung DKZ angeboten. Im letzteren Fall steht das „Z" für „Zwillingselektrode"; d. h., jede Elektrode besteht aus zwei Tabletten, welche im Zelleninneren durch Metallstreifen miteinander verbunden sind. Die durch die Doppelelektrode erreichte größere Reaktionsoberfläche führt dazu, dass die Zellen der Baureihe DKZ einen erheblich kleineren Innenwiderstand aufweisen als die mit DK bezeichneten Zellen.

Das Einsatzfeld von Knopfzellen liegt derzeit vorwiegend im Bereich der Notstromversorgung digitaler Schaltungen (Back-up-Funktion), sollen also zu Zeiten von

Stromausfällen oder während des Wechselns der Gerätebatterien die Versorgung flüchtiger Datenspeicher sichern. In der Modelltechnik haben sie in den zurückliegenden Jahren ihre einstmals große Bedeutung weitgehend verloren.

Knopfzellen besitzen kein Überdruckventil. Die kompakte, runde Bauweise bringt es jedoch mit sich, dass das Gehäuse den beim Betrieb bzw. bei „normaler" Fehlbehandlung entstehenden Drücken standhält. Knopfzellen, die in ihrem Leben sehr viel „mitmachen" mussten, erkennt man zuweilen an einem „krummen Buckel", ein Anzeichen für überhöhten Innendruck. Auf gar keinen Fall darf man ausgediente Knopfzellen ins Feuer werfen, da Explosionsgefahr besteht.

7.2 Elektrochemische Prozesse

Die im Inneren einer NiCd-Zelle ablaufenden chemischen Reaktionen sollen hier nur grundsätzlich dargestellt werden. Zu unterscheiden ist zwischen der

- **Ladereaktion,** bei der das aktive Elektrodenmaterial Energie aufnimmt, der
- **Überladereaktion,** bei der keine weitere Energie gespeichert werden kann und die Gasbildung einsetzt und schließlich der
- **Entladereaktion,** bei der die aufgenommene Energie wieder abgegeben wird.

7.2.1 *Laden*

Positive Elektrode: $2\,Ni(OH)_2 + 2(OH)^- \longrightarrow 2\,NiOOH + 2\,H_2O + 2e^-$

Negative Elektrode: $Cd(OH)_2 + 2e^- \longrightarrow Cd + 2(OH)^-$

Legt man eine höhere als die durch die Zelle selbst erzeugte Spannung an die beiden Elektroden, so führt dies z. B. an der negativen Elektrode zu einem Überangebot an Elektronen. Die Annahme von 2 Elektronen ($2e^-$) durch das Ladegerät reduziert das Cadmiumhydroxid auf der negativen Elektrode zu metallischem Cadmium und setzt gleichzeitig zwei negativ aufgeladene Hydroxyl-Ionen (2 OH) frei. Diese zieht es wegen des Ladungsunterschieds zur Plus-Elektrode, wohin sie über den Elektrolyten durch den Separator hindurch gelangen können. Dort angekommen, oxidieren sie das dort ansässige Nickelhydroxid zu NiOOH, indem sie sich je ein Wasserstoffatom „entleihen". Durch dieses werden sie zu Wasser (2 H_2O) reduziert und können ihre beiden nunmehr überzähligen Elektronen dem Ladegerät zurückgeben. Damit schließt sich auch der Ladestromkreis.

Wie man sieht, ist der Elektrolyt (KOH) an dieser Reaktion nur indirekt beteiligt (über das enthaltene Wasser (H_2O)). Das Elektrodenmaterial erfährt während der Aufladung lediglich eine Änderung des Oxidationszustands, nicht jedoch eine Form- oder Volumenänderung im pysikalischen Sinn, was die hohe Lebenserwartung der NiCd-Akkus erklärt. Auf der Minusfolie fällt beim Laden metallisches Cadmium an, das – metalltypisch – zur Kristallbildung neigt. Im Interesse einer großen reaktionsaktiven Oberfläche sollte hierbei die Kristallgröße nicht unbegrenzt wachsen können, was sich durch Größe und zeitlichen Verlauf des Ladestroms beeinflussen lässt (siehe 6.).

7.2.2 Überladen

Positive Elektrode: $2(OH)^- \longrightarrow \frac{1}{2}O_2 + H_2O + 2e^-$

Negative Elektrode: $H_2O + \frac{1}{2}O_2 + 2e^- \longrightarrow 2(OH)^-$

Bei NiCd-Zellen ist die negative Elektrode etwas größer dimensioniert, mit der Folge, dass von dort auch dann noch Hydroxyl-Ionen „in Marsch" gesetzt werden, wenn plusseitig bereits alles aktive Material verbraucht ist. Dort können sie aber mangels oxidierbarer Masse nicht mehr wie bisher reagieren, sondern spalten sich nunmehr in Sauerstoff und Wasser, wobei 2 Elektronen freigesetzt werden. Der Ladestrom kann also auch beim vollgeladenen Akku weiterfließen! Er zieht nun aber eine der jeweiligen Stromstärke entsprechende Sauerstoffentwicklung nach sich. Solange sich der Überladestrom in vorgegebenen Grenzen hält, gelangt dieser Sauerstoff durch den porösen Scheider hindurch wieder an die negative Elektrode, wo er sich dank „Elektronenspende" vom Ladegerät mit dem dort vorhandenen Wasser wieder zu Hydroxyl-Ionen rekombinieren kann (Gasverzehr). Damit stellt sich auch die ursprünglich vorhandene Laugenkonzentration wieder ein.

Natürlich stößt dieser Sauerstoffkreislauf bei hohem Überladestrom an Grenzen. Die Sauerstoffmenge, welche pro Zeiteinheit verzehrt werden kann, ist zum einen abhängig von der Überkapazität der negativen Elektrode, der sogenannten *Überladereserve*. Wird beim Zellendesign auf *Überladesicherheit* großer Wert gelegt, so muss die Minuselektrode weit überdimensioniert sein, was allerdings auf Kosten der nutzbaren Zellenkapazität geht. Auch vermindern tiefe Temperaturen (< 10 °C) die Geschwindigkeit der Gasreaktion, sodass eine Schnellladung von NiCd-Zellen nur innerhalb eines vorgegebenen Temperaturbereichs stattfinden sollte.

Wenn das Gleichgewicht zwischen Sauerstoffproduktion und Sauerstoffverzehr aus den Fugen gerät, steigt der Innendruck der Zellen an, was von außen an dem damit verbundenen Temperaturanstieg fühlbar wird. Schließlich führt der wachsende Überdruck zu einem Ansprechen des Sicherheitsventils, wodurch infolge Materialverlusts (im günstigsten Fall entweicht nur Sauerstoff) die innere Balance der Zelle gestört wird.

7.2.3 Entladen

Positive Elektrode: $2\ NiOOH + 2\ H_2O) + 2e \longrightarrow 2\ Ni(OH)_2 + 2(OH)$

Negative Elektrode: $Cd + 2(OH) \longrightarrow Cd(OH)_2 + 2e$

Die Entladereaktionen stellen die Umkehr des Ladevorgangs dar, wobei das NiO-OH der positiven Elektrode mithilfe von außen aufgenommener Elektronen in den energetisch niedrigeren Valenzstatus des Ni(OH)2 überführt wird. Am negativen Pol wird das metallische Cadmium nun wieder zu Hydroxid oxidiert, wobei zwei Elektronen frei werden.

7.3 Zellentypen

Durch gezieltes „Zellendesign" hat der Entwickler die Möglichkeit, bestimmte Eigenschaften der Zelle positiv zu beeinflussen, um sie für den geplanten Einsatzzweck zu optimieren. Deutlich sollte hierbei jedoch gesagt werden, dass die Stärkung bestimmter Eigenschaften oft mit dem Verzicht auf anderen Gebieten erkauft wird. Bei Zellen, die in den Konsumer- bzw. Hobbybereich wandern, lässt sich die Spezifizierung gewöhnlich am Endbuchstaben der Zellenbezeichnung ablesen, die bei den einzelnen Herstellern allerdings variieren können.

ZELLENTYPEN

Spezifikation	ausgeprägte Eigenschaften	Kennbuchstaben Panasonic*	Kennbuchstaben Sanyo
Standardtyp	preisgünstig, lange Lebensdauer	N	-
Schnellladetyp	schnellladbar; Ladezeit < 1 h	R	R
Hochstromtyp	für Entladeströme > 10 C geeignet	P	R
Hochkapazitätstyp	höhere spezifische Kapazität	E	E
Hochtemperaturtyp	bessere Standzeit bei hohen Temperaturen	H	H bzw. K
Longlife-Typ	erhöhte Lebensdauer	-	C

* Panasonic produziert seit Anfang 2007 keine NiCd-Zellen mehr

Dieser (nicht unbedingt vollständigen) Aufzählung ließen sich noch die sogenannten Hobbyzellen (z. B. Sanyo RC-2400) hinzufügen. Hier wird eine möglichst große, bei Hochstrom nutzbare Kapazität sowie eine hohe Entladespannung angestrebt, was beispielsweise durch Verzicht auf ausgeprägte Überladereserven erreichbar ist. Wegen nicht immer kontrollierbarer Einsatzbedingungen spielen Aspekte wie Lebenserwartung hier (zumindest aus Herstellersicht) eine eher nachgeordnete Rolle.

7.4 Entladeverhalten und Innenwiderstand

Im Gegensatz zu den meisten Primärzellen verläuft die Entladekurve von NiCd- und NiMH-Zellen recht flach. Dies bedeutet, dass die Entladespannung des Akkus nur in geringem Maß von der verbleibenden Kapazität abhängt. Der Innenwiderstand der NiCd-Sekundärzellen ist um ein Vielfaches niedriger und bleibt während der gesamten Entladedauer nahezu konstant. Erst kurz vor Entladeende (ca. 95%ige Entladung) steigt der innere Widerstand dann mangels umsetzbarem Material merklich an. Wegen der hier beginnenden starken Erwärmung der Zellen sollte man zumindest bei Hochstromentnahme der Versuchung widerstehen, auch noch das letzte Quäntchen Energie aus der Batterie „herauszuquetschen". Ohne praktische Bedeutung hingegen ist der etwas erhöhte Wert des Innenwiderstands unmittelbar nach dem (Schnell-)Laden, da er mit einer gleichfalls erhöhten Leerlaufspannung (> 1 ,35 V) einhergeht, er deshalb ohne nachteiligen Einfluss auf die Entladespannung bleibt und sich im Übrigen nach kurzer Ruhezeit (ca. 10 bis 15 min) weitestgehend abbaut.

Die vergleichsweise stabile Entladespannung unter Last macht NiCd- und NiMH-Zellen sehr universell einsatzfähig. Zink-Mangandioxid-Primärzellen mit 1,5-V-Nennspannung können daher in nahezu allen Anwendungsfällen mit höherem Strombedarf durch NiCd- und NiMH-Akkus ersetzt werden, da Letztere unter entsprechender Belastung eine durchaus vergleichbare Entladespannung aufweisen.

Die Höhe des Innenwiderstands ist in erster Linie von der Zellengröße abhängig. Auch spielt der Zellentyp (Hochstrom- oder Hochkapazitätszelle) hierbei eine Rolle.

7.4.1 *Einfluss des Entladestroms auf die Zellenspannung*

Beim Entladen sinkt die Lastspannung entsprechend der Größe von Belastungsstrom und Innenwiderstand ab.

$$\mathbf{U_{last} = U_o - I_{last} \times R_i}$$

Mit steigender Entladerate wird aber auch die nutzbare (entnehmbare) Kapazität geringer (die Nennkapazität bezieht sich auf eine 0,2-C-Entladung). In beiden Fällen ist der Rückgang bei Hochkapazitätszellen stärker spürbar als bei Hochstromzellen. Daher sind die Vorzüge hoher spezifischer Kapazitäten bei NiCd-Akkus

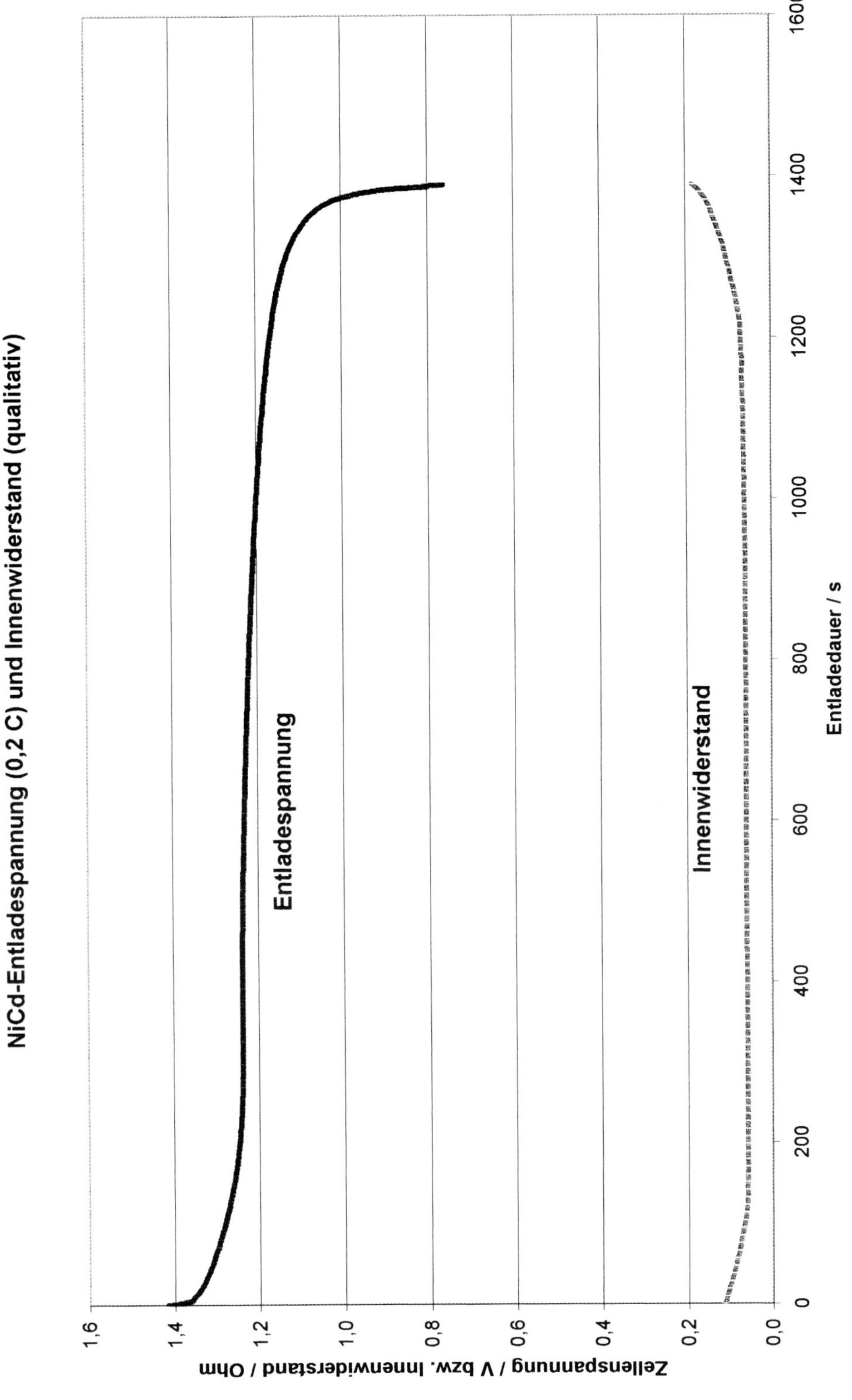
NiCd-Entladespannung (0,2 C) und Innenwiderstand (qualitativ)
Entladespannung
Innenwiderstand
Zellenspannung / V bzw. Innenwiderstand / Ohm
1,6
1,4
1,2
1,0
0,8
0,6
0,4
0,2
0,0
Entladedauer / s
0
200
400
600
800
1000
1200
1400
1600

7.4-a

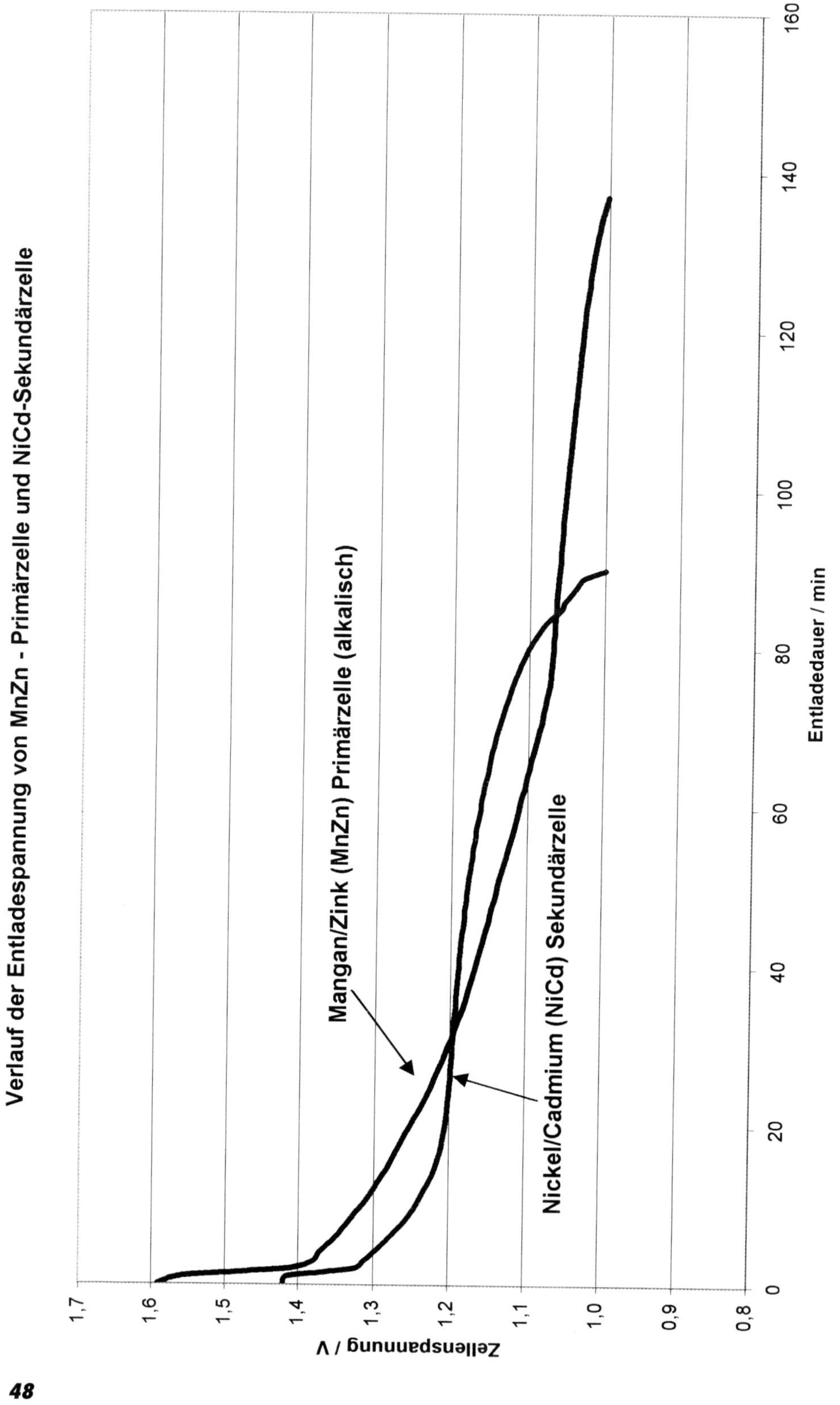
Verlauf der Entladespannung von MnZn - Primärzelle und NiCd-Sekundärzelle
Mangan/Zink (MnZn) Primärzelle (alkalisch)
Nickel/Cadmium (NiCd) Sekundärzelle
Zellenspannung / V
1,7
1,6
1,5
1,4
1,3
1,2
1,1
1,0
0,9
0,8
Entladedauer / min
0
20
40
60
80
100
120
140
160

7.4-b

nur bei Entladeraten bis ca. 3 C uneingeschränkt nutzbar. Dies wird besonders deutlich, wenn man nicht allein die entnehmbare Kapazität, sondern die gesamte Energiemenge (W) in Betracht zieht, die sich aus Kapazität und mittlerer Entladespannung U_M ergibt.

$$W = U_M \times C$$

7.4.2 *Einfluss der Temperatur auf die Zellenspannung*

Bei NiCd-Zellen besteht ein negativer Einfluss der Temperatur auf die Ruhespannung. Er bildet die Grundlage für die Vollerkennung nach der Delta-Peak-Methode und wird mit –3 bis –5 mV/°C beziffert. Dies gilt bei Ladung und Entladung gleichermaßen. Bei der Entladung wird indes der negative Temperatureinfluss auf die Ruhespannung vom Temperaturverhalten des Innenwiderstands überlagert, und zwar umso mehr, je höher die Entladerate gewählt wurde. Grundsätzlich wird bei Hochstrom-NiCd-Zellen das Minimum des Innenwiderstands je nach Zellendesign bei 40 bis 50 °C erreicht. Die optimale Arbeitstemperatur (bei der die Zelle die höchste Spannung an den Klemmen abgibt) ist daher stromabhängig. Bei Entladung mit sehr hohem C wird man also vom R_i-Rückgang durch Erwärmung profitieren können. Dabei sollte allerdings nicht in Vergessenheit geraten, dass hohe Temperaturen (> 60 °C) der Lebenserwartung der Zellen grundsätzlich schaden. Eine maßvolle Kühlung während der Entladung und eine rasche Abkühlung nach der Entladung gelten als lebensdauerförderlich.

Zu beachten ist schließlich auch der R_i-Anstieg bei tiefen Temperaturen. Dies führt bei Entladung mit hohem C zu einem deutlichen Rückgang der Zellenspannung. Nur bei Dauerbelastung lässt sich darauf spekulieren, dass sich die Zellen nach einiger Zeit „warmgearbeitet" haben ($I \times R_i$). Der Temperaturbereich, in dem NiCd-Zellen entladen werden dürfen, erstreckt sich von –20 °C bis +60 °C.

Große Vorsicht ist indes geboten, wenn NiCd-Zellen bei Minustemperaturen schnellgeladen werden sollen. Hier wirken beide Temperatureffekte gleichsinnig, was rasch zu unzulässig hohen Zellenspannungen führen kann (siehe auch 7.5).

7.4.3 *Entladeschluss-Spannung und Tiefentladung*

Als Entladeschluss-Spannung bezeichnet man jenen Wert der Entladespannung, bei dem davon auszugehen ist, dass nunmehr die gesamte gespeicherte Kapazität entnommen wurde. Im Allgemeinen wird dieser mit 1 V angegeben. Dabei wird ein Entladestrom von < 1 C unterstellt. Bei hohen Entladeraten liegt von vornherein eine reduzierte Entladespannung vor. Theoretisch ließe sich der nun gültige Endwert berechnen. Dies scheitert in der Praxis aber daran, dass wir es in der Endphase der Entladung mit einem stark ansteigenden, nicht genau bezifferbaren Wert von Ri zu tun haben (siehe Abb. 7.4-a). Es besteht daher Übereinkommen, die Entladung von NiCd-Zellen bzw. -Batterien spätestens bei 0,8 V/Zelle zu beenden.

Wird eine Zelle weiter „ausgeknautscht", so spricht man von *Tiefentladung*. Diese schadet einer NiCd-Zelle zwar grundsätzlich nicht, ist aber immer dann gefährlich, wenn – wie in der Praxis üblich – mehrere Zellen zu einer Batterie in Reihe geschaltet sind. Jetzt kann es infolge von Exemplarstreuungen dazu kommen, dass einzelne Zellen im Batterieverbund vor den anderen vollständig entladen sind. Diese „armen" Zellen werden nunmehr, nachdem ihre eigene Spannung bis auf null abgesunken ist, durch den weiterfließenden Entladestrom (aufrechterhalten von den noch nicht leeren Nachbarzellen) erst seitens der positiven (–0,2 V), schließlich dann auch auf der negativen Elektrode (–1,7 V) umgepolt. Die Leitfähigkeit der leeren bzw. umgepolten Akkuzellen wird hierbei durch Elektrolyse aufrechterhalten. Hierbei kommt es zur Freisetzung von Gasen (zuerst Wasserstoff, dann Sauerstoff). Damit gerät die chemische Balance der Zelle aus den Fugen. Bei fortgesetztem Inversladen spricht schließlich das Überdruckventil an.

Zwar lässt sich eine so umgepolte Zelle durch polrichtiges Laden wieder „zurückdrehen", doch ist der elektrolytisch bedingte Substanzverlust nachträglich nicht mehr auszugleichen. Einmal umgepolte Zellen sind durch Kapazitätsverlust somit irreversibel geschädigt. Dies hat gemeinhin zur Folge, dass sie bei der nächsten Entladung noch früher umgepolt werden und ihr vorzeitiger Ausfall damit programmiert ist.

Vorbeugen lässt sich der Gefahr einer Umpolung durch folgende Maßnahmen:

- Keine Zellen mit stark ungleicher Kapazität zu einer Batterie verbinden (durch Vorselektion, siehe Abschnitt 7.7).
- Batterien besonders nach längeren Ladepausen zuerst formieren, damit vor dem Entladen alle Zellen denselben Ausgangszustand annehmen (siehe Abschnitt 7.6.2).
- Batterien nicht tiefer als 1,0 bis 0,8 V/Zelle entladen. Dann ist die Wahrscheinlichkeit einer Umpolung einzelner Zellen gering.

7.4.4 Selbstentladung

Alle chemischen Elemente unterliegen der Selbstentladung. Bei NiCd-Zellen ist diese Erscheinung allerdings ausgeprägt. Die „Geschwindigkeit" des internen Ladungsausgleichs ist bei Sinterzellen noch höher als bei Massezellen. Auch spielt die Lagertemperatur eine ausschlaggebende Rolle. Ferner beschleunigt die Alterung allgemein den Selbstentladungsprozess (durch Degeneration des Scheiders).

In der Praxis erweist sich der Energieverlust, welcher sich aus der relativ raschen Selbstentladung bei der NiCd-Technologie ergibt, nur als der weniger gewichtige Teil des Problems. Schwerer wiegt oftmals die Tatsache, dass auch die Selbstentladung gewissen Exemplarstreuungen unterliegt. Im Klartext: Die einzelnen Zellen einer Batterie können sich durchaus unterschiedlich rasch entladen. Damit haben

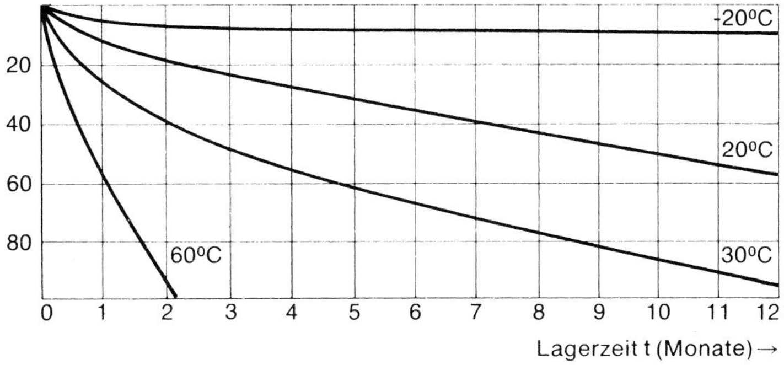

7.4.4-a
Selbstentladung bei Massezellen

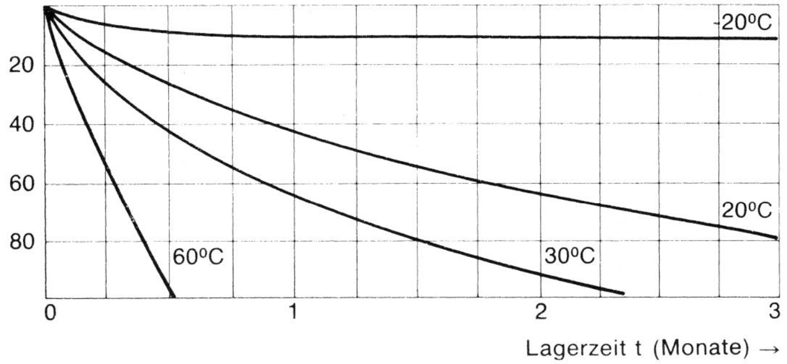

7.4.4-b
Selbstentladung bei Sinterzellen

sie unter ungünstigen Umständen bereits wenige Wochen nach einer Aufladung ganz unterschiedliche Ladezustände. Wenn die Batterie jetzt vollständig entladen wird, kann dies die im vorausgehenden Abschnitt beschriebene Tiefentladung bzw. eine schädlichen Umpolung einzelner Zellen zur Folge haben.

Es ist daher **nicht** empfehlenswert, eine NiCd-Batterie, die über längere Zeit geladen gelagert war, ohne besondere Vorkehrungen zu entladen (siehe hierzu Abschnitt 7.6 Lagerung und Pflege).

7.5 Nickel-Cadmium-Ladetechnik

NiCd-Akkus gelten als robust und – kleine Behandlungsfehler betreffend – wenig „nachtragend". Davon profitiert nicht zuletzt auch die Ladetechnik. So können Ladegeräte für diese Zellenart technisch sehr einfach gehalten und damit recht preiswert sein. Dies gilt jedenfalls, solange auf Schnellladung verzichtet werden kann.

7.5.1 Normalladung

Die Normal- oder Langzeitladung erfolgt grundsätzlich mit einem Strom von ca. 0,1 C über eine Zeitdauer von 12 bis 16 Stunden. Eine zeitgenaue Abschaltung bei Vollladung ist nicht erforderlich. Eine über Stunden oder auch wenige Tage andauernde Überladung ist unkritisch.

Wenn alle aktive Masse verbraucht ist, bildet sich an der positiven Elektrode Sauerstoff, der, wie in Abschnitt 7.2.2 dargestellt, an der negativen Platte wieder verzehrt wird. Bei kleinen Laderaten bleibt alles „im grünen Bereich". Es kommt weder zu einem gefährlichen Druckanstieg innerhalb des Zellenbechers noch zu einer unzulässigen Erwärmung. Letztere ist gleichwohl äußerlich fühlbar; vollgeladene Zellen erkennt man an einer leicht erhöhten Temperatur (die menschliche Hand erweist sich in dieser Beziehung als ein hinreichend empfindlicher Sensor).

Dennoch sollte man von Dauer(über)ladungen absehen, denn diese können die Kristallstruktur der negativen Elektrode ungünstig beeinflussen (siehe Abschnitt 7.6) und erhöhen zudem die Batterietemperatur, was den Alterungsprozess beschleunigt.

Ein entsprechendes Ladegerät kann sowohl nach der Konstantstrommethode (I-Ladung) oder auch nach einer einfachen Widerstandskennlinie arbeiten. Im letzteren Fall wird der Ladestrom (I_{lad}) bis zur Vollladung leicht abfallen, um danach infolge des temperaturbedingten Rückgangs der Ladespannung wieder etwas anzusteigen. Die Ladespannung einer NiCd-Zelle bewegt sich bei Normalladung etwa zwischen 1,3 und 1,5 V.

Wegen dieses negativen Temperatureinflusses auf die Ladespannung ist es nicht zu empfehlen, NiCd-Zellen in Parallelschaltung zu laden, da am Schluss der Ladephase dann stets der zuerst volle Akku den meisten Strom abbekommt.

Solange sich I_{lad} in den Grenzen von 0,05 bis 0,3 C bewegt, genügt als Ladezustandsüberwachung das Zeitkriterium bzw. ein gelegentliches Befühlen mit der Hand. Bei Laderaten < 0,1 C ist die Zellenerwärmung u. U. allerdings kaum fühlbar. Dauerladeströme unter 0,03 C sind nicht zu empfehlen, da diese unter ungünstigen

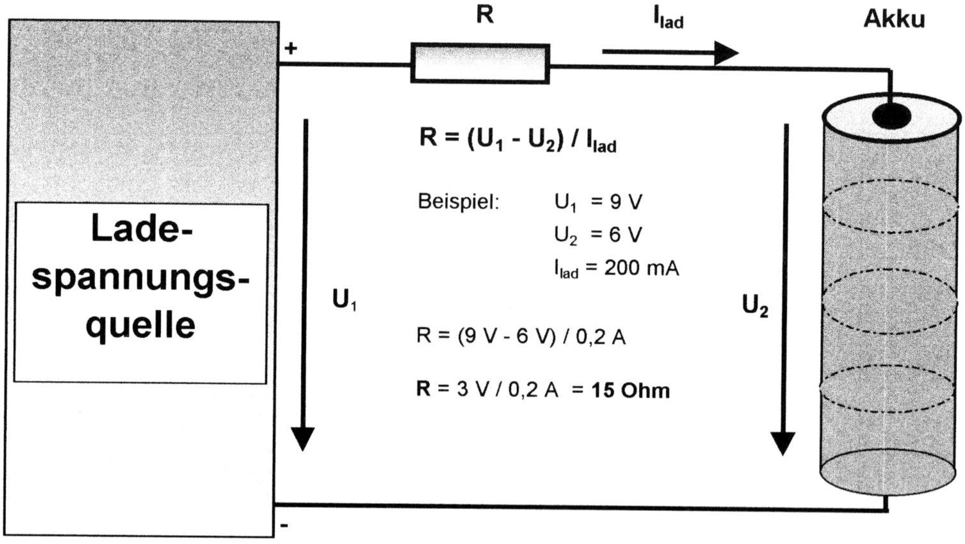

7.5.1-a

Umständen den Innenwiderstand anwachsen lassen und letztlich zu keiner vollständigen Aufladung mehr führen.

Kommt als strombegrenzender Widerstand eine Glühlampe (PTC-Widerstand) zum Einsatz, so wird sich der Strom während der gesamten Ladephase nur wenig verändern.

Der Ladestrom, wenn beispielsweise von einem Netzgleichrichter geliefert, braucht übrigens nicht durch parallel geschaltete Kondensatoren geglättet zu werden. Ein pulsierender Ladestrom kann einer Vergröberung der Kristallstruktur auf der Cadmiumelektrode entgegenwirken. Der wirksame Ladestrom entspricht hierbei dem arithmetischen Mittelwert der Strompulse. Etwaige Bedenken, der Akku könne durch die Spitzenwerte der Ladestromimpulse Schaden nehmen, erweisen sich als unbegründet, solange die Pulsdauer > 1 s bleibt.

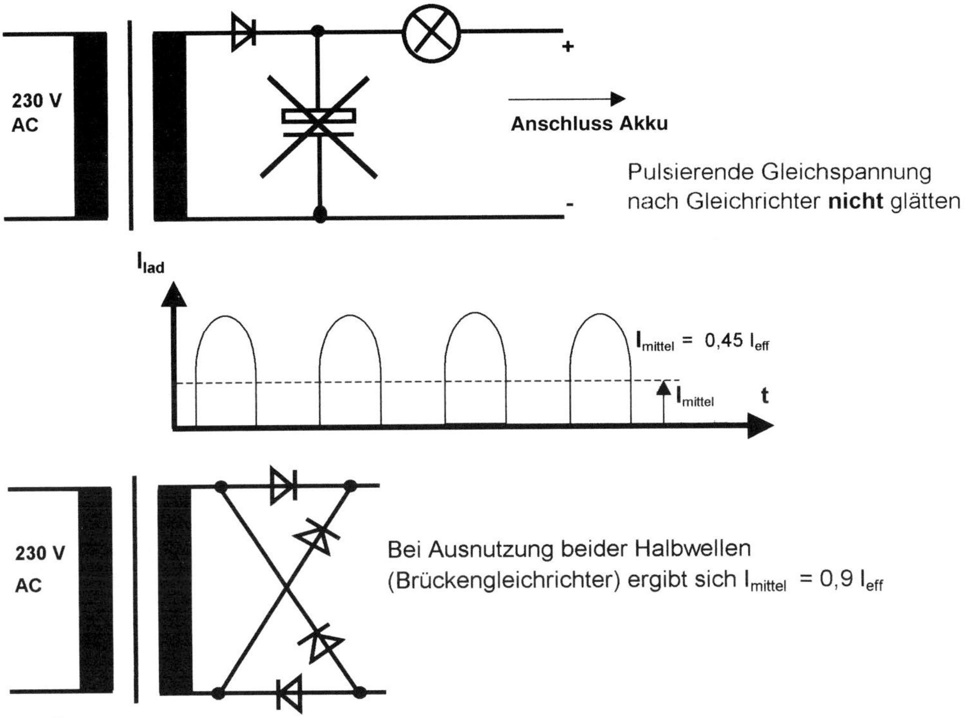

7.5.1-b

7.5.2 Beschleunigte Ladung

Moderne zylindrische NiCd-Zellen vertragen auch höhere Ladeströme. So kann bei Standard- und Hochkapazitätszellen die Laderate ohne Bedenken auf 0,5 C gesteigert werden. Damit reduziert sich die Ladedauer. Verkürzend wirkt sich hierbei auch der höhere Ladewirkungsgrad aus. Bei den angegebenen Raten funktioniert der innere Gasverzehr noch in ausreichendem Maß, sodass es bei Überladung nicht zu einem kritischen Druckanstieg kommt. Allerdings ist die Erwärmung der Zellen in dieser Phase schon sehr deutlich spürbar. Die Überladedauer sollte deshalb durch geeignete Maßnahmen wie z. B. eine Schaltuhr begrenzt werden. Auch eine thermische Überwachung ist nun sinnvoll, um ein „Dauerkochen" der Energiespeicher zu verhindern.

7.5.3 *Schnellladung*

Möchte man die Kapazität einer Batterie mehrmals täglich nutzen, so ist dies nur über eine noch kürzere Ladezeit zu machen. Man spricht von Schnellladung, wenn die vollständige Aufladung einer Batterie in einer Stunde oder weniger erfolgt. Neben dem Zeitgewinn weist ein zuvor schnellgeladener NiCd-Akku eine höhere Entladespannung auf, besonders wenn hohe Ströme gefordert sind. Auch verbessert sich bei hohen Laderaten der Wirkungsgrad.

Bei Laderaten von > 1 C hält allerdings der innere Sauerstoffverzehr an der negativen Platte im Fall einer Überladung nicht mehr Schritt. Infolgedessen klettert der Innendruck bereits nach relativ kurzer Überladedauer auf kritische Werte. Damit steigt auch die Temperatur der Zelle rasch an. Eine Schnellladung ist also nur dann zulässig, wenn sichergestellt werden kann, dass die Zellen dabei nicht überladen werden. **Eine sichere Ladezustandserkennung (Vollerkennung) ist somit erste und wichtigste Voraussetzung für die Schnellladung.**

Darüber hinaus müssen die Zellen, die man im „Schnellgang" laden möchte, von ihrer Konstruktion her schnellladetauglich sein. Davon ist auszugehen, wenn die Zellenbezeichnung entsprechende Hinweise enthält. So weist bei Sanyo-Zellen der Endbuchstabe R (älter F) auf Schnellladeeignung hin. Im Allgemeinen sind die Hersteller aufgrund der Produkthaftung mit der Vergabe derartiger Attribute jedoch eher zurückhaltend.

7.5.3.1 Konstantstromladung

Hierbei fließt während der gesamten Ladedauer ein fest eingestellter, konstanter, von der Akkuspannung unabhängiger Strom (z. B. 3 Acc, Index cc steht hierbei für *constant current*). Seine Höhe orientiert sich sinnvollerweise an Herstellerempfehlungen (die sich meist auf der sicheren Seite bewegen) oder an der max. zulässigen Akkuspannung. Diese stellt sich üblicherweise ein, wenn der Akku 80 bis 90 Prozent seiner speicherbaren Kapazität aufgenommen hat. Meist beginnt in dieser Phase auch die Erwärmung des Akkus deutlich wahrnehmbar zu werden, was ein sicheres Indiz für die beginnende Sauerstoffproduktion darstellt. In diesem Stadium der Ladung sollte die Ladespannung 1,7 V nicht übersteigen, sonst ist mit forcierter Gasproduktion zu rechnen. Es besteht dann die Gefahr, dass das Sicherheitsventil irgendwann anspricht!

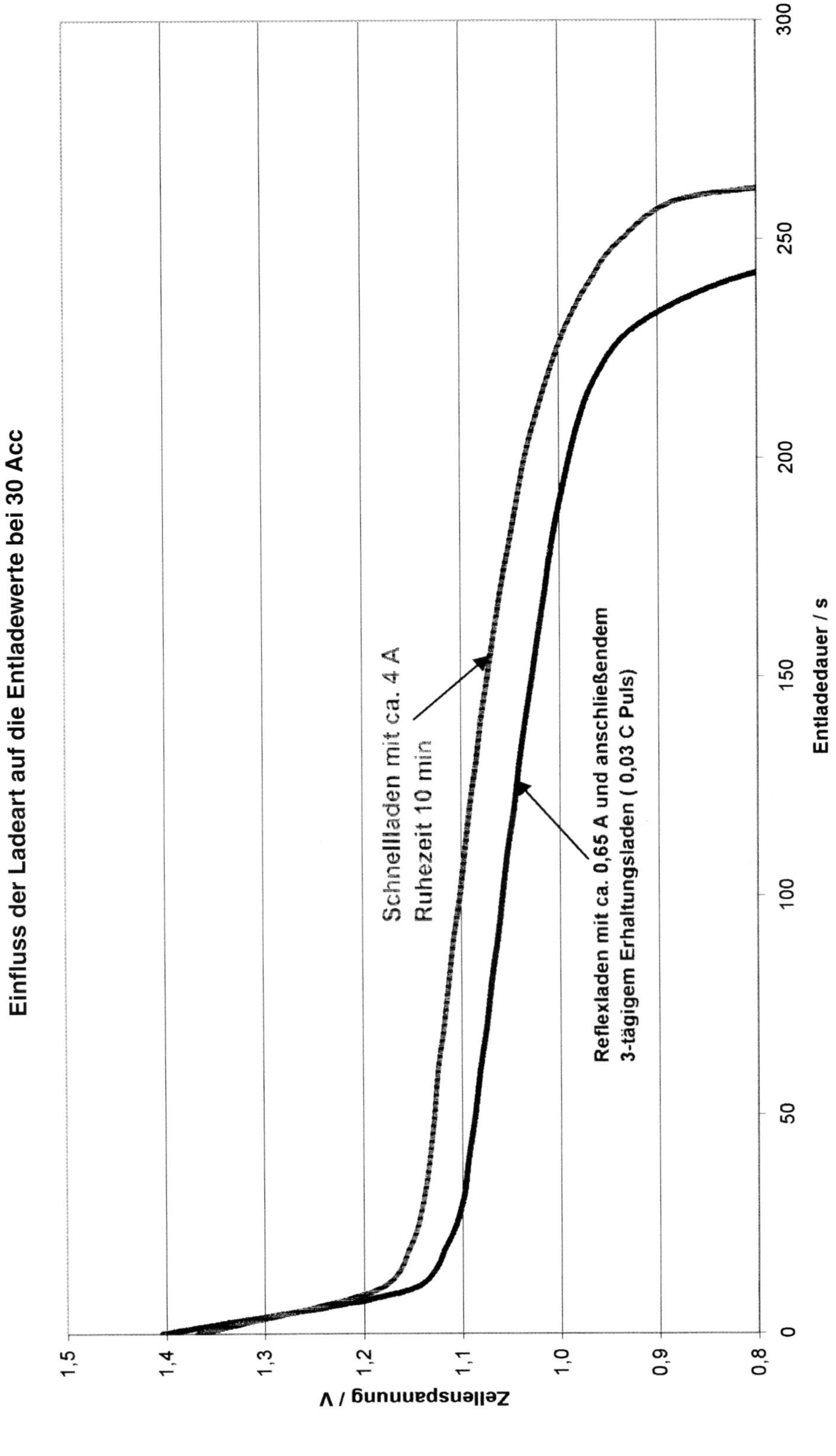
Einfluss der Ladeart auf die Entladewerte bei 30 Acc
Schnellladen mit ca. 4 A
Ruhezeit 10 min
Reflexladen mit ca. 0,65 A und anschließendem
3-tägigem Erhaltungsladen (0,03 C Puls)
Zellenspannung / V
1,5
1,4
1,3
1,2
1,1
1,0
0,9
0,8
Entladedauer / s
0
50
100
150
200
250
300

7.5.3-a

Leider lässt sich der so maximal zulässige Stromwert nur auf empirischem Weg ermitteln. Auch wird man hierbei feststellen, dass sich der einmal gewonnene Wert mit fortschreitender Alterung des Stromspeichers verändert, d. h. langsam erhöht, sodass ein gelegentliches „Nachtrimmen" nicht ausbleibt. Zu allem Überfluss unterliegt, wie weiter oben bereits erläutert, die Spannung eines NiCd-Akkus einem keineswegs vernachlässigbaren Temperatureinfluss. Somit wird bei tiefen Temperaturen die zulässige Spannungsgrenze früher erreicht. Grund: Die Temperatureinflüsse auf die Spannung wie auf den Innenwiderstand verlaufen nun gleichsinnig. Zu einer erhöhten Ruhespannung U_o addiert sich der innenwiderstandsbedingte Spannungsabfall des Ladestroms.

$$\mathbf{U_{lad} = U_o + I_{lad} \times R_i}$$

Deshalb sei auch an dieser Stelle der wiederholte Hinweis erlaubt, dass man bei einer Akkutemperatur unter +10 °C von einer Schnellladung absehen sollte.

Bei Akkus, die zuvor länger gelagert oder eventuell Opfer einer Tiefentladung bzw. Umpolung wurden, lässt sich beobachten, dass die Ladespannungskurve mitunter einen „Anfangshöcker" ausbildet und damit bereits zu Ladebeginn kurzzeitig kritische Spannungswerte erreichen kann. Wenn dies nicht auszuschließen ist, empfiehlt sich ein *„Softstart"*. Es genügt hierbei, wenn der Strom während der ersten 3 bis 5 Lademinuten unter 0,5 C bleibt.

Die Konstantstrommethode hat den Vorzug, dass sie bei begleitender Beobachtung der Ladespannung wertvolle Informationen über den „Gesundheitszustand" des Akkus liefert. Sinterakkus, die bei 1 C einen Spannungspegel von > 1,75 V/Zelle erreichen, sind als „pensionsreif" zu betrachten. Bei anderen Zellentypen gilt 1,9 V als Grenze der Verwendungsfähigkeit.

Zu den Vorzügen der Konstantstromladung zählt primär der geringe technische Aufwand. Meist genügt es sogar, statt einer elektronischen Stromstabilisierung einen Kaltleiterwiderstand zu verwenden. Wird der Strom beispielsweise durch eine Glühlampe „gebändigt", erzielt man aufgrund der Kaltleitereigenschaften des Wolframfadens einen *Quasi-Konstantstrom* (siehe Diagramm 12.2.1-a).

7.5.3.2 Konstantstromladung mit Innenwiderstandsüberwachung

Bei diesem Verfahren wird während der Ladung immer wieder der Innenwiderstand des Akkus kontrolliert und der Ladestrom danach eingestellt. Hierzu unterbricht die Elektronik in bestimmten Zeitabständen die Ladung für einige Sekunden, um den jeweiligen Wert der Ruhespannung ermitteln zu können. Der Innenwiderstand wird dabei praktischerweise aus der Differenz zwischen Ladespannung und Ruhespannung (ΔU) ermittelt, geteilt durch den jeweiligen Ladestrom.

$$\mathbf{R_i = \frac{(U_{lad} - U_0)}{I_{lad}} = \frac{\Delta U}{I_{lad}}}$$

Hierbei zeigt es sich, dass der Innenwiderstand zu Anfang bei relativ hohen Werten startet, um nach kurzer Ladedauer rasch abzufallen. Sein Minimum erreicht er im ersten Ladedrittel. In der darauf folgenden Phase steigt er dann kontinuierlich an, um im letzten Drittel der Ladedauer wieder auf deutlich höhere Werte zu klettern.

Mit dem Innenwiderstand lässt sich nun der Ladestrom steuern. Damit erhält man den in Abb. 7.5.3.2-a gezeigten Stromverlauf: Die Ladung beginnt „soft", der Ladestrom klettert aber entsprechend dem abnehmenden R_i nun in schnellen Schritten höher und erreicht dabei nicht selten Werte, bei denen das Ladegerät dann „passen" muss.

7.5.4 *Ermittlung des Abschaltpunkts (Vollerkennung)*

Aufgrund der vielfältigen Einflüsse, von denen die Höhe der Ladespannung letztlich abhängt, taugt die Spannungshöhe bei NiCd-Akkus nicht als alleiniges Abschaltkriterium. Wenn sie, aus welchen Gründen auch immer, doch diesem Zweck dienen soll, so ist die Abschaltspannung auf Werte = < 1 ,45 V einzustellen. Damit ist dann allerdings keine Vollladung innerhalb eines definierten Zeitraums möglich.

Wenn eine Batterie nach vollständig erfolgter Aufladung sicher abgeschaltet werden soll, so kann dies ausschließlich nach folgenden Kriterien geschehen:

- Zeitbegrenzung (Timermethode)
- Temperaturabschaltung (mit Thermofühler)
- Delta-Peak-Erkennung (-dU/dt)

Zur Erhöhung der Sicherheit werden die genannten Methoden zuweilen auch kombiniert.

7.5.4.1 Schnellladen mit Zeitbegrenzung

Die Schaltuhrmethode stellt das klassische Verfahren dar, einen NiCd-Akku bei Schnellladung rechtzeitig vom Ladegerät zu trennen. Sie erweist sich in der Praxis allerdings als wenig komfortabel und unterliegt einigen zwingenden Voraussetzungen:

- Der Akku muss vor jeder Ladung vollständig entladen werden.
- Die Kapazität des Akkus muss bekannt sein.
- Der Ladestrom muss während der gesamten Ladezeit konstant bleiben.

Der Rest ist einfachste Schulmathematik. Das Produkt aus Ladestrom und Ladezeit darf die jeweilige Kapazität des Akkus nicht übersteigen. Die einzustellende Ladezeit errechnet sich dann wie folgt:

$$t_{lad} = C/I_{lad}$$

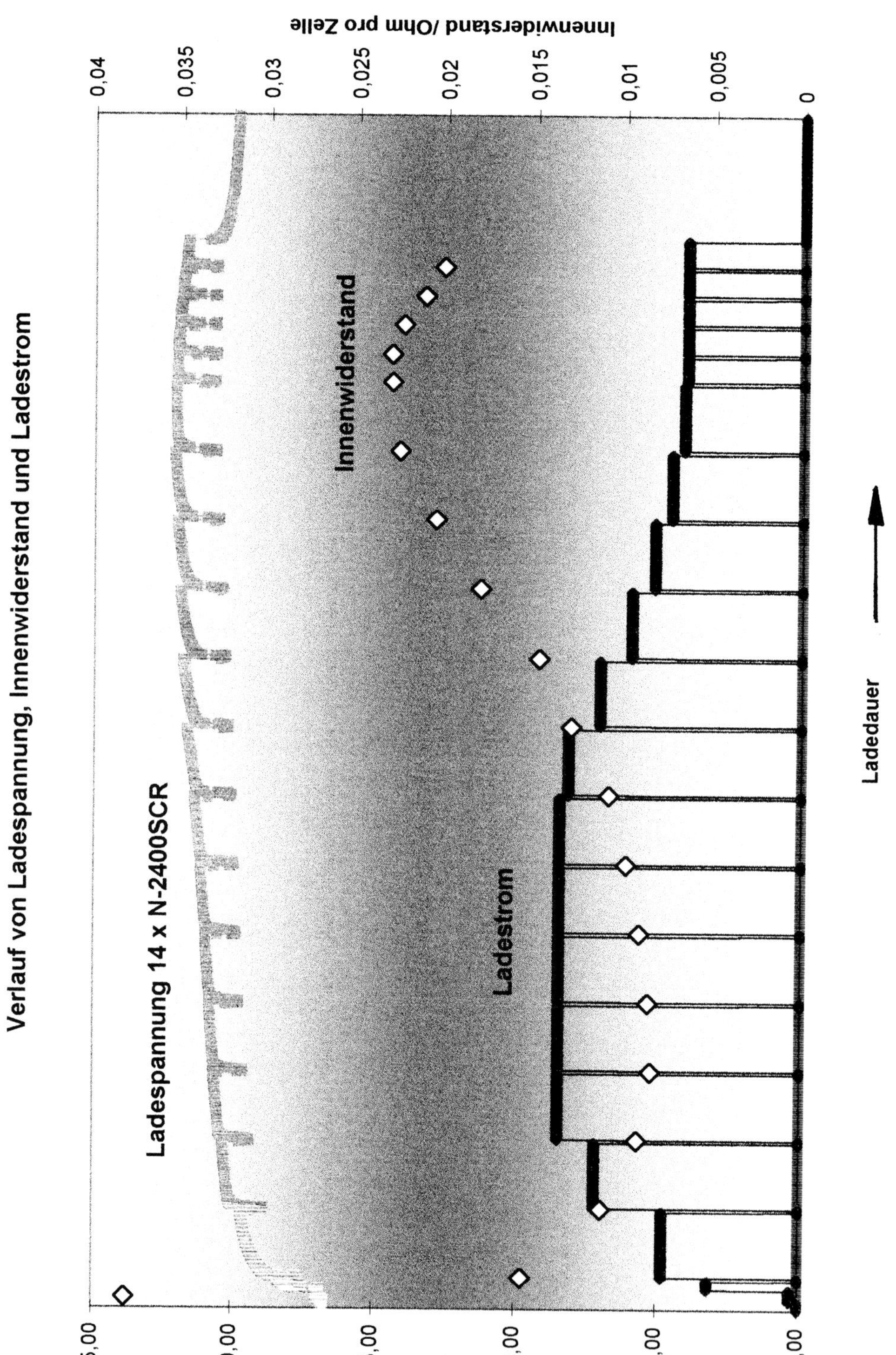
Verlauf von Ladespannung, Innenwiderstand und Ladestrom
Ladespannung 14 x N-2400SCR
Innenwiderstand
Ladestrom
Ladedauer
Ladespannung / V bzw. Ladestrom / A
25,00
20,00
15,00
10,00
5,00
0,00
Innenwiderstand /Ohm pro Zelle
0,04
0,035
0,03
0,025
0,02
0,015
0,01
0,005
0

7.5.3.2-a

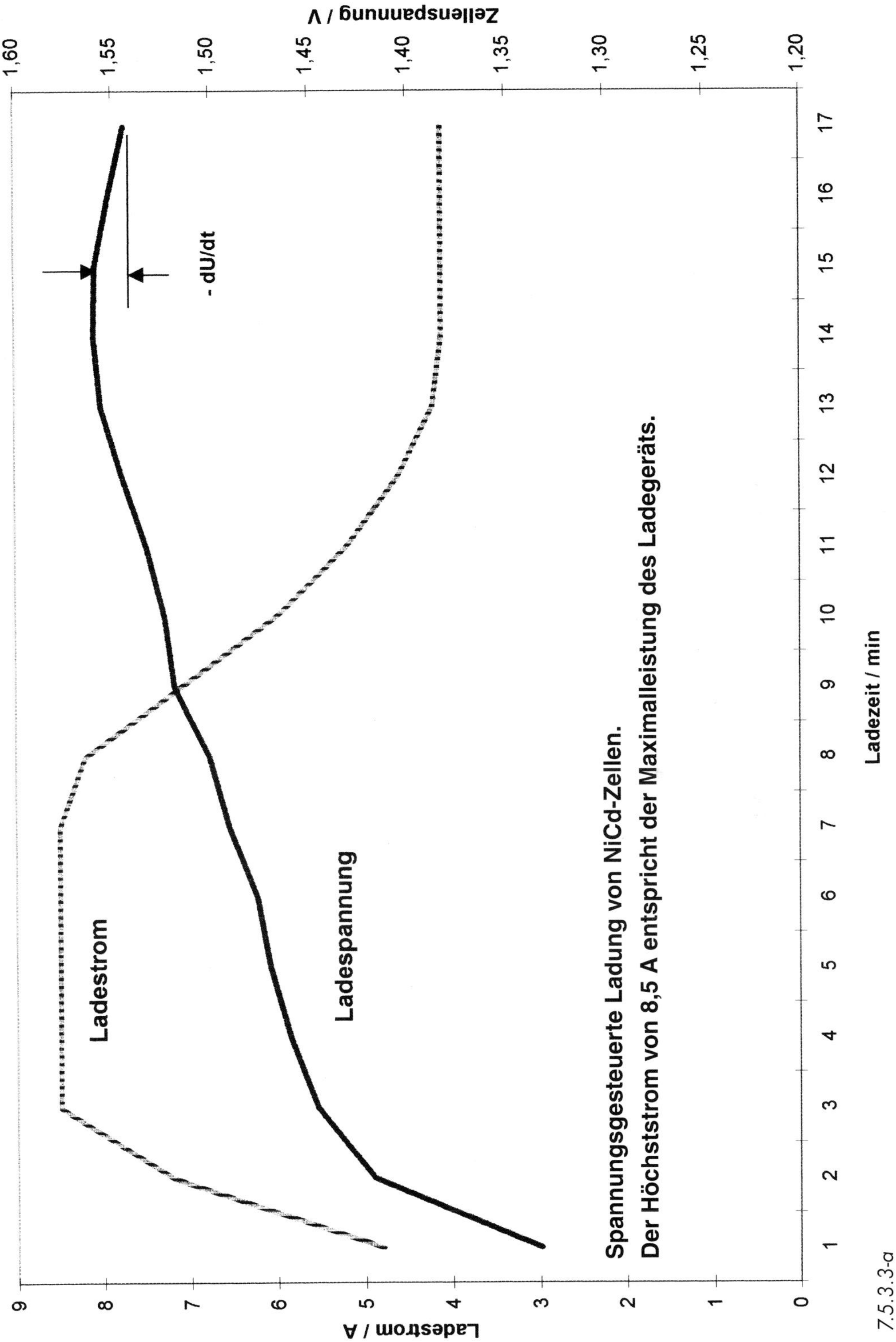
Zellenspannung / V
Ladestrom / A
Ladezeit / min
Ladestrom
Ladespannung
- dU/dt
Spannungsgesteuerte Ladung von NiCd-Zellen.
Der Höchststrom von 8,5 A entspricht der Maximalleistung des Ladegeräts.

7.5.3.3-a

Beispiel: Ein Akku mit einer Kapazität von 1,7 Ah soll mit 2 C, d. h. 3,4 Acc geladen werden. Die einzustellende Ladezeit beträgt dann:

$$\mathbf{t_{lad} = 1{,}7\ Ah/3{,}4\ A = 0{,}5\ h = 30\ min}$$

Aufgrund des Ladefaktors, der stets < 1 ist, ergibt sich damit noch keine 100-prozentige Vollladung. Ein längeres Nachladen mit < 0,3 C ist zur vollständigen Aufladung u. U. nötig, was den durch die Schnellladung angestrebten Zeitvorteil schmälert.

Oftmals findet sich in automatischen Ladern allerdings als ultimatives Sicherungselement ein Timer, der die Ladung nach einer vorgegebenen Zeitspanne definitiv beendet, falls andere Vollerkennungssysteme einmal versagen sollten. Gleichwohl sind derartige Rescue-Systeme nur bei vergleichsweise geringen Laderaten wirklich wirksam.

7.5.4.2 Schnellladen mit Temperaturüberwachung

Das thermische Verfahren nutzt die durch Drucksteigerung und Sauerstoffverzehr hervorgerufene Erwärmung zur Vollerkennung aus. Dazu wird die Oberflächentemperatur des Akkus mithilfe eines Temperaturfühlers (Thermistor) erfasst. Letzterer kann entweder in den Batteriepack fest integriert oder – wie im Modellsport üblich – von außen mithilfe eines kleinen Magneten, der sicher am Zellenbecher haftet, befestigt sein.

Als Abschaltekriterien können dienen:

- Das Erreichen eines vorher eingestellten Temperaturwerts
- Die Temperaturzunahme um einen festgelegten Differenzbetrag
- Die Geschwindigkeit des Temperaturanstiegs in Grad/min

Im Fall einer voreingestellten (oder einstellbaren) Abschalttemperatur, die in der Praxis zwischen 35 und 45 °C liegen sollte, ist der technische Aufwand sehr gering. Zudem ist es bei thermischer Vollerkennung nicht nötig, den Ladestrom genau konstant zu halten. Wie im Bild 7.5.4.2-1 gezeigt, genügt es, einen Bimetallschalter mit gutem Wärmekontakt zu den Zellen in den Ladestromkreis zu integrieren, der diesen bei erreichen der entsprechenden Temperatur unterbricht.

Bei diesem sehr einfachen Verfahren sollte der Akkupack aber nach einmal erfolgter Abschaltung nicht noch längere Zeit am Ladegerät verbleiben, da er sonst ständig auf Abschalttemperatur gehalten würde. Meist fungieren derartige Temperaturschalter daher nur als kostengünstige zusätzliche Schutzmaßnahme.

Für die Lebensdauer der Akkus ist es daher besser, wenn das Ladegerät bei der Abschalttemperatur ganz ab- oder auf Erhaltungsladung umschaltet. Auch kann ein Temperaturdetektor dazu dienen, bei Temperaturen unter 10 °C die Laderate zu begrenzen.

7.5.4.2-1
Camcorder-Akkupack mit integriertem Bimetall-Thermoschalter, welcher den Ladestrom bei einer Zellentemperatur von 42 °C unterbricht

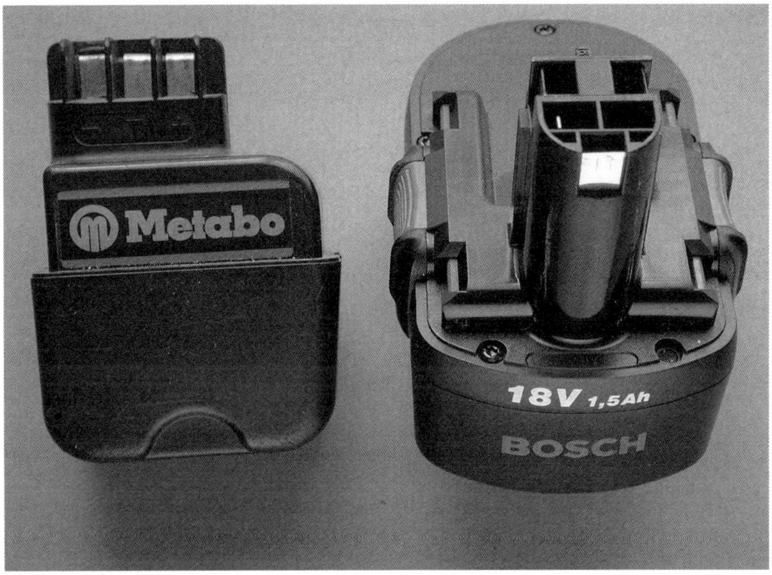

7.5.4.2-2
NiCd-Akkupacks von schnurlosen Werkzeugen. Der jeweils mittlere Kontakt ist mit dem Temperaturfühler verbunden

Nachteilig ist bei einem fest eingestellten Schaltpunkt zu werten, dass die Umgebungstemperatur hierbei quasi als Offset wirkt. Bei tiefen Umgebungstemperaturen wird mehr eingeladen als bei von außen einwirkender Wärme.

Dem lässt sich mit der Temperaturdifferenzmethode (Δ T) wirksam begegnen. Hier spielt nur die Zunahme der Temperatur gegenüber dem Anfangswert bzw. dem tiefsten während der Ladung gemessenen Temperaturwert eine Rolle. Zur sicheren Abschaltung wird ein Δ T von 10 bis 15 Grad empfohlen. Allerdings können auch bei dieser „verfeinerten" Art der Temperaturauswertung periphere Einflüsse wie etwa wechselnde Zugluft oder zunehmende Sonneneinstrahlung den Abschaltzeitpunkt noch beeinflussen.

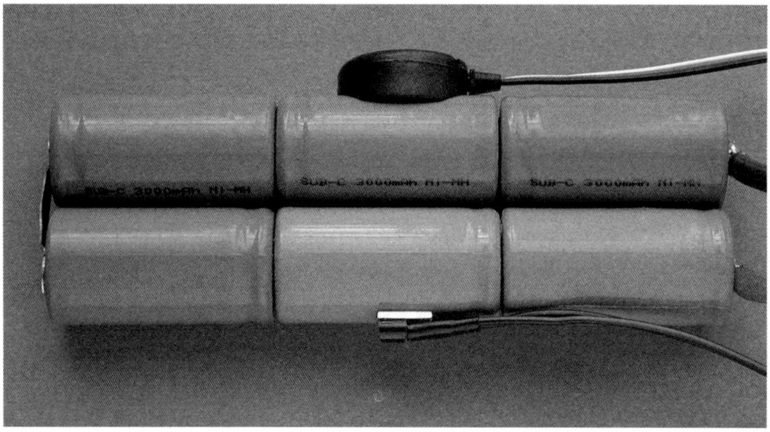

7.5.4.2-3 NiMH-Akkupack mit magnetisch haftenden Temperaturfühlern, die über Sensorkabel mit dem Ladegerät verbunden werden

Weitgehend unabhängig von Einflüssen der Umgebungstemperatur arbeitet hingegen die Temperaturgradientenmethode, bei der allein die Geschwindigkeit des Temperaturanstiegs den Ausschlag gibt. Wie schon erwähnt, bleibt die Akkutemperatur im ersten Ladedrittel weitgehend konstant. Der Akku kann in dieser Phase sogar etwas abkühlen, obgleich ein sehr hoher Ladestrom fließt. Schuld daran ist die leicht endothermisch verlaufende, also wärmezehrende Ladereaktion (250 Joule/Ah), welche die durch den Ladestrom am Innenwiderstand erzeugte Wärme teilweise kompensiert. Deshalb wird eine Zellenerwärmung erst messbar, wenn etwa im zweiten Drittel der Ladekurve der innere Widerstand des Akkus nach oben strebt. Der steile Temperaturanstieg beginnt aber erst bei ca. 90-prozentiger Vollladung, dann nämlich, wenn eine verstärkte Gasproduktion einsetzt. Nun steigt die Akkutemperatur (abhängig von der Laderate) um 1 bis 3 Grad pro Minute an.

7.5.4.3 Schnellladen mit Delta-Peak-Abschaltung

Indirekt nutzt das Delta-Peak-Verfahren auch den Temperaturanstieg bei beginnender Überladung aus. Dieser führt zu einem Spannungsrückgang von 3 bis 4 mV pro Grad und Zelle. Die Ladespannung eines NiCd-Akkus hat also nach erreichter Vollladung eine negative Tendenz. Deshalb wird diese Vollerkennungsvariante oft auch als $-\Delta U$- bzw. $-\Delta V$-Methode (mathematisch korrekt $-dU/dt$) bezeichnet. Der besondere Vorteil des Verfahrens besteht darin, dass hier kein zusätzlicher Sensor am Akku benötigt wird (und man damit auch nicht vergessen kann, diesen anzubringen). Das Abschaltsignal kann direkt an den Akkuanschlüssen abgenommen werden. Auch ist der Spannungsrückgang umso stärker ausgeprägt, je höher die Laderate gewählt wurde.

Technisch lässt sich diese Auswertung des Spannungsrückgangs mit einem Differenzierverstärker nach Abb. 7.5.4.3-b realisieren. Bei $-\Delta U$ beginnt sich C wieder zu entladen, was an R den in Klammern angezeigten Spannungsabfall zur Folge hat. Damit wird die Ladung durch rücksetzen des RS-Flip-Flops gestoppt.

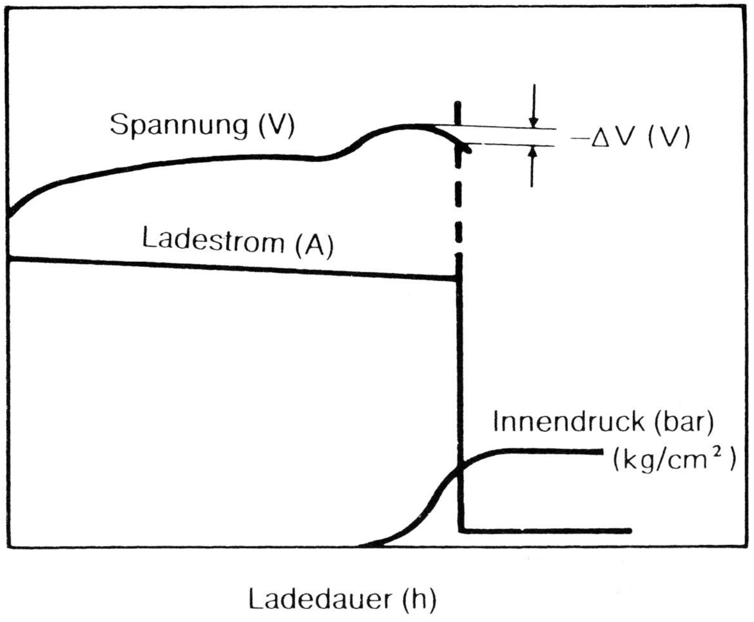

7.5.4.3-a Physikalisches Grundprinzip der Delta-Peak-Vollerkennung

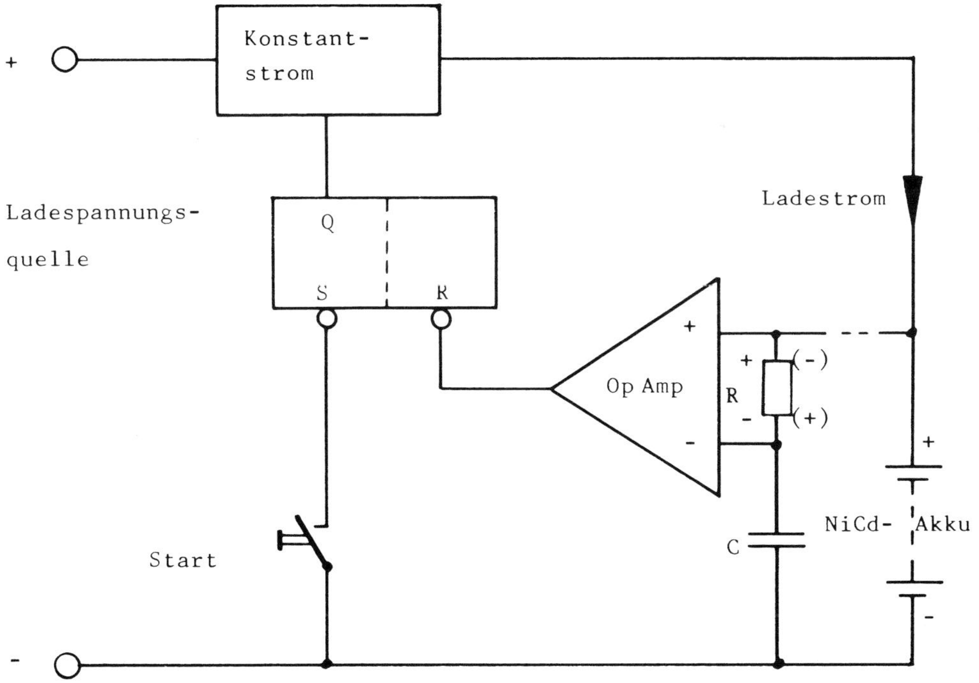

7.5.4.3-b Grundschaltung eines Ladegeräts mit Delta-Peak-Abschaltung nach Differenziermethode

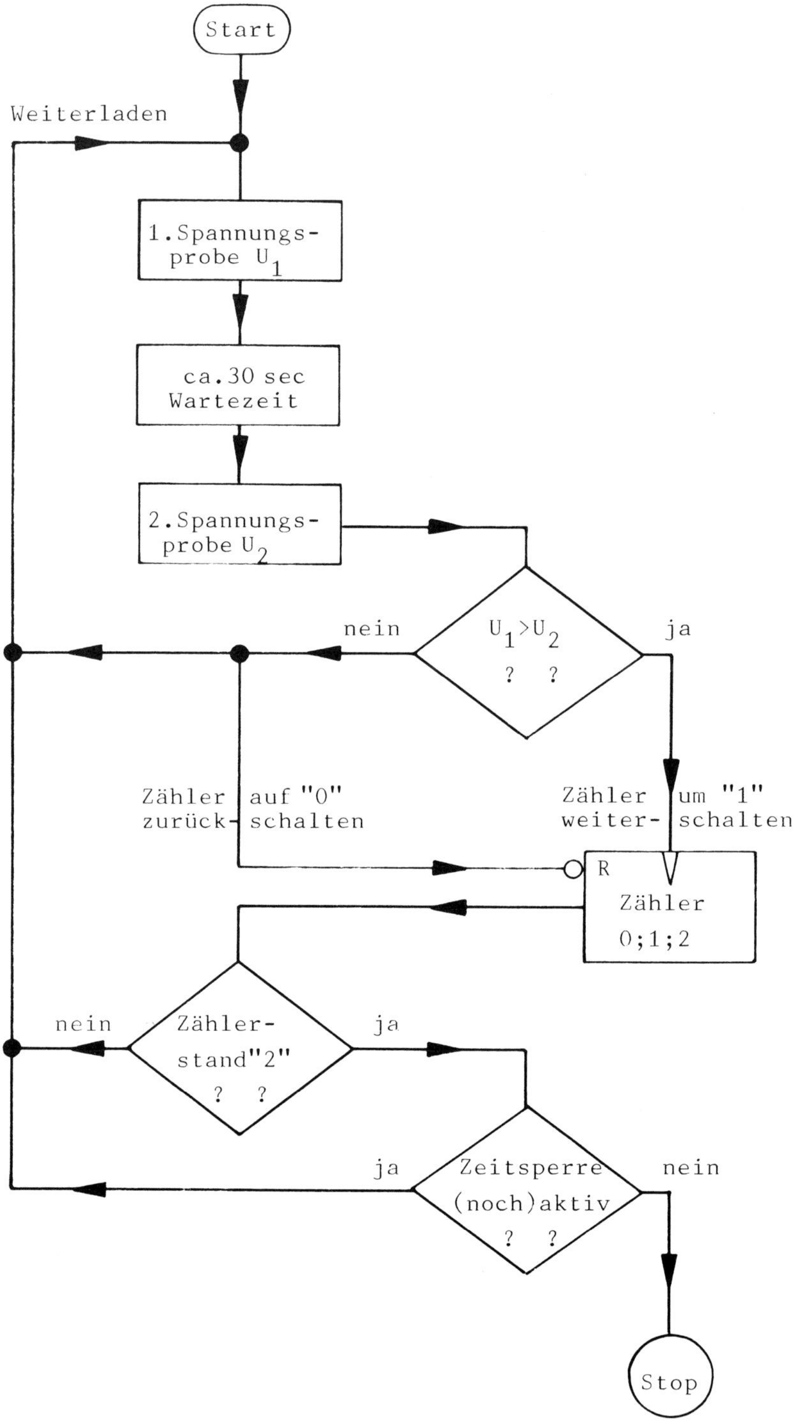

7.5.4.3-c *Ablauf des „Entscheidungsprozesses" bei komfortablen Ladegeräten*

Sicherer und zeitgemäßer ist die digitale Spannungsauswertung. Die Empfindlichkeit sollte für NiCd-Akkus bei 15 bis 20 mV/Zelle eingestellt sein, was einer Temperaturerhöhung von 5 bis 7 °C entspricht. Bei Batterien mit höherer Zellenzahl addieren sich die Einzelwerte von $-\Delta U$.

Voraussetzung für eine fehlerfreie Detektion des $-\Delta U$ ist ein in der Endphase hinreichend konstant verlaufender Ladestrom. Würde I_{lad} beispielsweise in diesem Bereich wieder stärker ansteigen, so könnte der damit steigende Spannungsabfall an R_i den temperaturbedingten Spannungsrückgang überdecken.

Häufiger sind allerdings Störgrößen, welche eine zu **frühe** Abschaltung nach dem Delta-Peak-Verfahren auslösen können. Hierzu zählen alle Schwankungen der Betriebsspannung bzw. des Ladestroms. Intelligente Ladegeräte schalten daher erst ab, wenn in kurzen zeitlichen Abständen mehrfach hintereinander ein $-\Delta U$ erkannt wurde.

Vorkehrungen sind auch zu treffen, damit der weiter oben schon erwähnte „Anfangshöcker", der gelegentlich nach zu langer Lagerung oder partieller Tiefentladung auftritt, die Ladung nicht vorzeitig unterbricht. Manche Ladegeräte setzen hier einen Timer, der während der ersten 5 Minuten das Abschalten verhindert. Besser ist es allerdings, die Ladung mit kleinem Strom zu beginnen, den noch nicht formierten Akku also nicht sofort mit einem hohen Ladestrom zu konfrontieren (Softstart).

7.5.4.4 Schnellladen mit Spannungsgradientenabschaltung

Das Delta-Peak-(dU/dt-)Abschaltkriterium garantiert nach derzeitigem Kenntnisstand die notwendige Einladung und damit die Ausnutzung der maximal möglichen Akkukapazität. Da der die Abschaltung auslösende Druck- bzw. Temperaturanstieg aber eine gewisse (in der Regel unschädliche) Überladung voraussetzt und die Abschaltung aufgrund nötiger Prüf- und Verzögerungszeiten immer erst auf der Rückflanke des Spannungshöckers erfolgen kann, gilt diese Methode bei sensibler Betrachtung als nicht eben „akkuschonend".

Mit aus diesem Grund detektieren einige Ladeschaltungen bereits jenen Punkt, an dem die Ladespannung ihren stärksten Anstieg verzeichnet, den Steigungswendepunkt. Mathematisch wird dieser mit der zweiten Ableitung der Spannung nach der Zeit (d^2U/dt^2), dem sogenannten Spannungsgradienten, beschrieben. Die Abschaltprozedur kann somit deutlich früher eingeleitet werden. Die Kapazitätsnutzung liegt i. A. > 95% und kann durch kurzes Nachladen mit kleineren Strömen vervollständigt werden.

Vergleiche dazu Abb. 7.5.4.4-a auf der nächsten Seite.

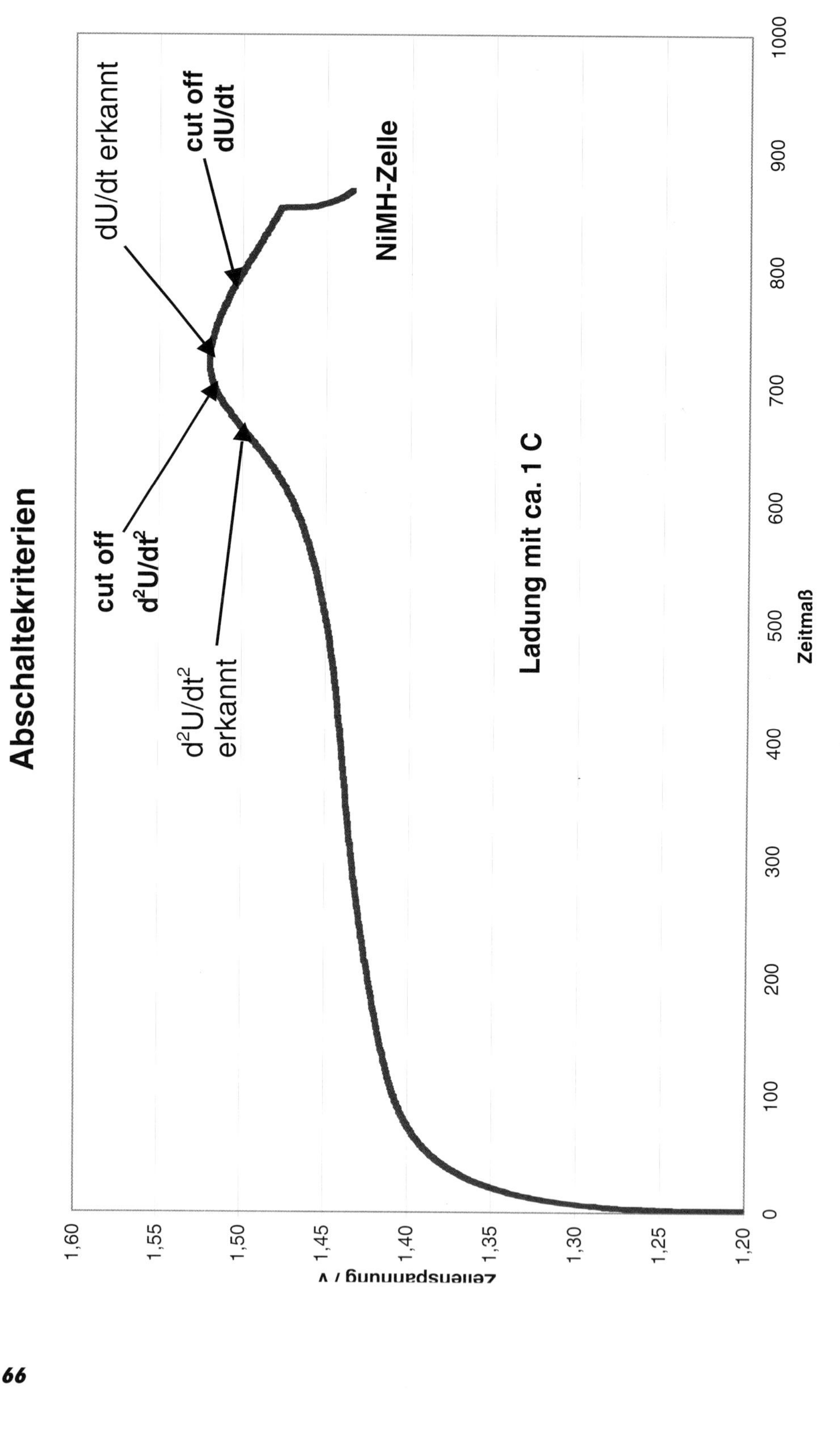
Abschaltekriterien
cut off
dU/dt
dU/dt erkannt
NiMH-Zelle
cut off
d²U/dt²
d²U/dt²
erkannt
Ladung mit ca. 1 C
Zellenspannung / V
1,60
1,55
1,50
1,45
1,40
1,35
1,30
1,25
1,20
0
100
200
300
400
500
600
700
800
900
1000
Zeitmaß

7.5.4.4-a

7.5.5 Erhaltungsladung

Sie dient in erster Linie dem Ausgleich der Selbstentladung. Da Letztere von verschiedenen Faktoren abhängt, muss die Laderate hinreichend groß sein. Üblicherweise wird sie zwischen 0,035 und 0,05 C gewählt. Vor zu geringen Dauerladeströmen sei jedoch gewarnt, da sie den Innenwiderstand der Batterie anwachsen lassen.

„Bekömmlicher" als Dauerstrom ist ohnehin die Ladung mit Strompulsen. Die effektive Laderate ergibt sich hierbei aus:

$$\textbf{Effektive Laderate} = \frac{\textbf{Impulshöhe} \times \textbf{Impulsdauer}}{\textbf{Impulspausendauer}}$$

Die Pulshöhe liegt typischerweise bei 0,5 bis 1 C, die Pulsdauer bei max. 1 s.

Damit errechnet sich bei einer gewünschten effektiven Laderate von beispielsweise 0,035 C die Länge der Impulspause:

$$\textbf{Impulspause} = \frac{\textbf{Impulshöhe} \times \textbf{Impulsdauer}}{\textbf{Effektive Laderate}} = \frac{\textbf{1 C} \times \textbf{1 s}}{\textbf{0,0035 C}} \approx \textbf{30 s}$$

Berücksichtigt man den besseren Ladewirkungsgrad der 1-C-Strompulse gegenüber der Ladeerhaltungsstromrate von 0,035 C, so kann die Pausendauer bis auf eine Minute verlängert werden.

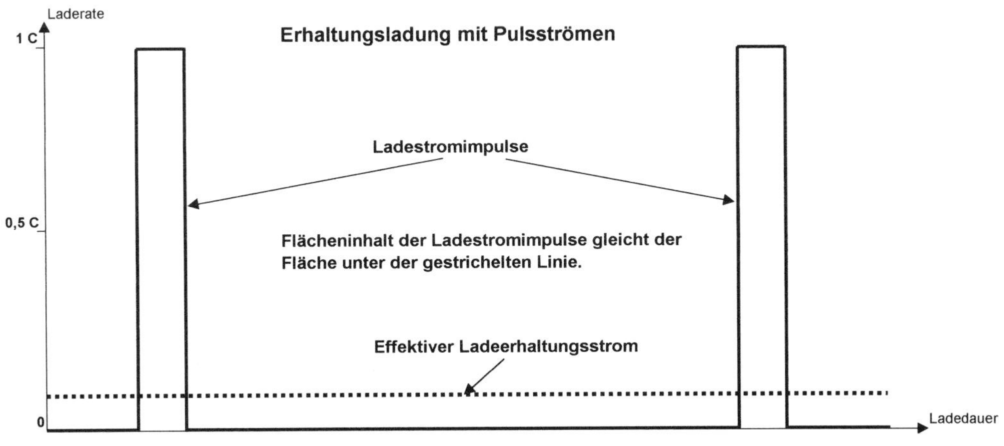

7.5.5-a

7.6 Lagerung und Pflege von NiCd-Akkus

Auch wenn wir einen Akku in Ruhe lassen, lebt die Chemie in seinem Innern weiter. Die Eigenschaften des Stromspeichers verändern sich somit auch während der Zeit ihrer Nichtbenutzung. Dies gilt nicht nur für die bereits erwähnte Selbstentladung, durch die ein geladener NiCd-Akku binnen einiger Wochen bzw. Monate den Großteil seiner Ladung verliert. Die Selbstentladung ist übrigens temperaturabhängig. Hohe Temperaturen wirken beschleunigend. Die Lagerung empfiehlt sich also grundsätzlich bei niedrigen Temperaturen.

7.6.1 *Memoryeffekt*

Der Memoryeffekt zählt zu den „prominenten" Krankheitsbildern. Nicht immer steckt er tatsächlich dahinter, wenn ein Akku Ermüdungs- oder Ausfallerscheinungen zeigt. Allerdings scheint sich diese keineswegs unheilbare und in der Praxis eher selten auftretende Krankheit als Verkaufsargument für andere Akku-Technologien mehr und mehr zu eignen. Gleichwohl handelt es sich beim Memoryeffekt tatsächlich um eine für NiCd-Akkus typische Erscheinung, die mit der Materialeigenschaft der negativen Elektrode in Zusammenhang steht. Wie zuvor schon erwähnt, besteht diese aus (fein verteiltem) metallischem Cadmium. Dieses neigt zur kristallinen Veränderung.

Wird ein Akku immer nur teilweise entladen und dann sofort wieder aufgeladen, so kann jener (restliche) Teil des nie umgesetzten Cadmiums Großkristalle bilden. Wird der Akku nun doch einmal über die bisherige Entladetiefe hinaus beansprucht, so reagiert er an der bezeichneten Stelle mit einer Erhöhung des Innenwiderstands (nach oben). Daraus resultiert ein Einbruch im Verlauf der Entladespannung, der umso deutlicher ausfällt, je höher der Entladestrom ist. Der Memoryeffekt macht sich also vorwiegend bei hoher Stromentnahme störend bemerkbar. Es sieht dann so aus, als habe sich die Zelle genau jenen Punkt „gemerkt", bis zu dem sie bisher immer entladen wurde. Daher die einprägsame Bezeichnung. Wenn der Memoryeffekt bereits eingetreten ist, hilft als „Gehirnwäsche" nur das definierte Entladen mit kleinen Strömen (< 0,3 C) bis auf 1 V/Zelle.

Ganz Ähnliches passiert, wenn ein NiCd-Akku ständig nur mit kleinen Dauerströmen geladen wird. Kleine Ladeströme (z. B. beim Erhaltungsladen) unterstützen das Wachstum großer Kristalle. Große Kristalle bieten aber gegenüber dem Elektrolyten weniger Reaktionsoberfläche. Damit steigt der Innenwiderstand der Zellen an. Dies wirkt sich jedoch im Gegensatz zum wirklichen Memoryeffekt auf die gesamte Entladekennlinie aus. Ladepulse mit Strompausen oder kurzen Entladeimpulsen dazwischen (Reflexladen) sind also besser als kleine, andauernde Ladeströme.

Ebenfalls von der negativen Elektrode ausgehend ist schließlich das sogenannte Dentritenwachstum. Hier erreicht die Kristallgröße derartige Ausmaße, dass eine

Kristallspitze schließlich den Separator durchstoßen und bis zur Pluselektrode vordringen kann. Es bilden sich lokale Kurzschlüsse. So „erkrankte" Zellen sind im Batterieverbund zwar voll stromdurchlässig, weisen selbst aber keine Klemmenspannung mehr auf. Gefördert wird dieses ungezügelte Kristallwachstum durch zu geringe, lang dauernde Ladeströme und hohe Temperaturen.

7.6.2 Formierung

Die Verwendung des Begriffs „formieren" (= in Form bringen, bilden) in der einschlägigen Fachliteratur ist nicht ganz einheitlich. Er steht allgemein für die Vorbehandlung einer Batterie, mit dem Ziel, diese an ihre volle Leistung heranzuführen bzw. sie vor nutzungsbedingten Schäden zu bewahren.

Ein neuer Akku kann nicht sofort volle Leistung bringen. Die Zellen benötigen je nach Fabrikat 5 bis 10 Lade-Entladezyklen (Formierungszyklen), bis sie ihre volle Kapazität erreichen. Auch kann während der ersten Entladezyklen ein leichtes Anwachsen der Entladespannung unter Last beobachtet werden. Wenn der Akku längere Zeit in entladenem Zustand gelagert wurde, benötigt er zuweilen einige wenige Ladespiele, um wieder „voll da" zu sein.

Wichtiger noch ist die Formierung einer Batterie nach Lagerung in undefiniertem Ladezustand. In derartigen Fällen ist davon auszugehen, dass die Einzelzellen infolge ungleicher Selbstentladung unterschiedliche Ladezustände aufweisen. Würde so ein Akkupack nun vollständig entladen, wäre eine Tiefentladung bzw. Umpolung von Zellen mit niedrigem Ladungszustand die Folge.

Als ideale Abhilfemaßnahme kann hier das Entladen der Einzelzellen auf < 1 V gelten, was aber in den meisten Fällen – wenn überhaupt praktikabel – mit hohem Aufwand verbunden sein dürfte.

Eine andere Möglichkeit besteht darin, den Akkupack mit kleinem Strom (max. 0,3 C) voll aufzuladen, sodass alle Einzelzellen sicher den Vollladezustand erreichen. Dabei werden die Zellen mit erhöhter Restladung etwas überladen, was bei der geringen Laderate jedoch unschädlich ist.

8 Der Nickel-Metallhydrid-(NiMH-)Akku

Ende der 80er-Jahre versuchte man, das in NiCd-Akkus enthaltene umweltschädliche Cadmium durch weniger giftige Stoffe zu substituieren. Als Ersatzstoff bot sich Wasserstoff (H_2) an, der ein vergleichbares Potenzial in der elektrochemischen Spannungsreihe aufweist. Damit gelangte man zu einer Stromquelle mit etwa identischer Systemspannung (austauschbar mit NiCd-Akkus). Quasi als Zugabe liefert der NiMH-Akku bei gleicher Zellengröße eine um 30 bis 70% höhere Nennkapazität und damit insgesamt eine deutlich gesteigerte Energiedichte. Außerdem scheint die negative Wasserstoffelektrode keinen Memoryeffekt zu kennen, was dem neuen Energiespeicher zusätzliche Anwendungsgebiete zu erschließen hilft.

Der NiMH-Akku stellt also eine Weiterentwicklung des NiCd-Akkus dar. Die verwandtschaftlichen Parallelen beider Technologien sind unverkennbar. Gleichzeitig gibt es signifikante Unterschiede. Es erscheint deshalb sinnvoll, in diesem Abschnitt lediglich die von der (NiCd-)Ursprungstechnologie abweichenden Eigenschaften herauszustellen und vor allem die in wesentlichen Punkten veränderten Behandlungsvorschriften darzustellen.

8.-1
Gerade bei den kleinsten Zellen machen sich Kapazitätszuwächse am deutlichsten bemerkbar. In der NiCd-Technologie hatten die Sanyo-Zellen, N-50AAA, noch 50 mAh. Die NiMH-Winzlingsversion 12AAAM von Gold Peak bietet bei gleicher Größe 120 mAh (allerdings bei erhöhtem Innenwiderstand)

8.1 Aufbau gasdichter NiMH-Zellen

Der mechanische Aufbau einer Nickel-Metallhydrid-Zelle ist mit dem der Nickel-Cadmium-Technik weitgehend identisch. Dies betrifft sowohl das Zellengehäuse (Becher = Minuspol; Kappe = Pluspol) wie auch das in der Pluskappe integrierte Sicherheitsventil. Auch die NiOOH- bzw. $Ni(OH)_2$-Pluselektrode bleibt im Grundsatz unverändert.

Reaktionspartner auf der Minusseite ist nun aber der Wasserstoff, das einfachste und gleichzeitig leichteste aller chemischen Elemente (Ordnungszahl 1).

Allerdings ist Wasserstoff bei normalen Temperaturen gasförmig und damit von Natur aus eher flüchtig. Es galt zu Anfang, den Wasserstoff in geeigneter Weise festzuhalten, um ihn ohne unangemessenen Aufwand in hinreichenden Mengen speichern zu können. Hier kam den Entwicklern eine schon früher entdeckte Eigenschaft des Wasserstoffgases zustatten, quasi in das Kristallgitter von Feststoffen „hineinschlüpfen" zu können, dort absorbiert zu werden und so drucklos speicherbar zu sein. Als für diese Aufgabe in besonderem Maße geeignet gelten seit langem metallische Legierungen aus Titan-Nickel und Lanthan-Nickel. Man bezeichnet sie daher auch als Metallhydrid-Speicher.

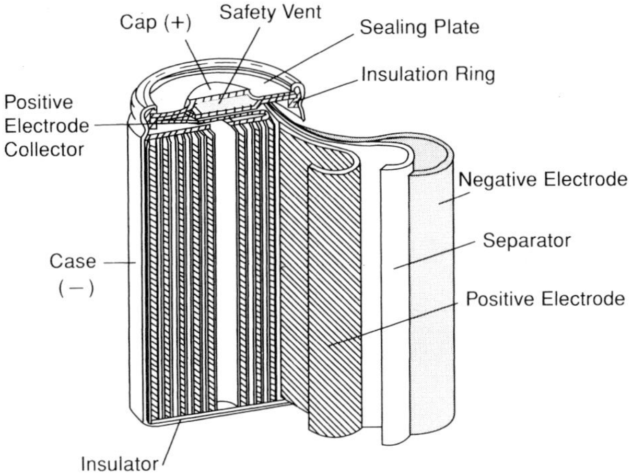

Cylindrical Type

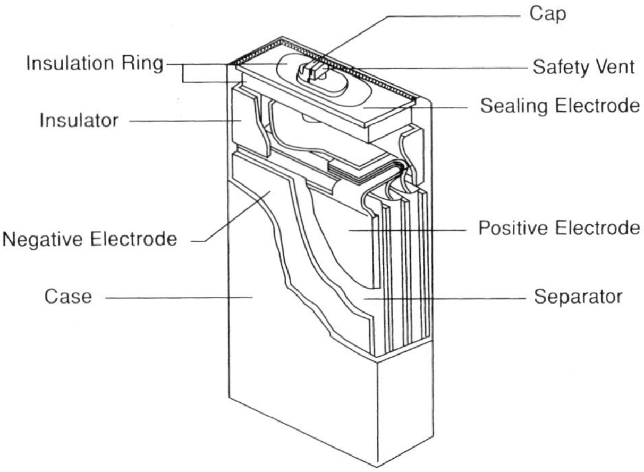

Prismatic Type

8.1-a
Prinzipieller Zellenaufbau (Panasonic)

Zu den Vorzügen der NiMH-Zellen zählt neben dem Wegfall des umweltgiftigen Schwermetalls Cadmium ihre höhere Kapazität und Energiedichte, die bis zu 80 Wh/kg betragen kann. Auch machten die Nickel-Metallhydrid-Akkus rasch Fortschritte in der Belastbarkeit, sodass sie heute mit der Nickel-Kadmium-Technologie nahezu gleichziehen können. Verblieben sind lediglich einige Einschränkungen bei Ladegeschwindigkeit und Überladefähigkeit.

8.2 Elektrochemische Prozesse

8.2.1 *Laden*

Negative Elektrode: $M + H_2O + e^- \longrightarrow MH + OH^-$

Positive Elektrode: $Ni(OH)_2 + 2\ OH^- \longrightarrow NiOOH + H_2O + e^-$

Hierbei bedeuten: M speicherfähiges Mischmetall.
MH im Mischmetall gespeicherter Wasserstoff.

Während die Reaktionen auf der positiven Elektrode denen beim NiCd-Akku gleichen, wird auf der Minuselektrode bei Elektronenzufuhr aus dem Ladegerät ($+e^-$) ein Wassermolekül auf einen negativ geladenen OH-Rest reduziert und ein Wasserstoffatom im Mischmetall abgespeichert. In der Gesamtsicht wandert ein positiv geladenes Wasserstoff-Ion über den Elektrolyten durch den Scheider vom Plus- zum Minuspol, um dort neutralisiert und als Wasserstoffatom im Metallgitter „versteckt" zu werden. Der Elektrolyt selbst (Kalilauge) nimmt an der chemischen Reaktion auch hier nicht teil.

8.2.2 *Überladen*

Auch diese Reaktion gleicht der beim NiCd-Akku. Eine überdimensionierte negative Elektrode bindet den anfallenden Sauerstoff, solange dessen Produktionsmengen sich in vorgegebenen, relativ engen Grenzen bewegen.

8.2.3 *Entladen*

Negative Elektrode: $MH + OH^- \longrightarrow M + H_2O + e^-$

Positive Elektrode: $NiOOH + H_2O + e^- \longrightarrow Ni(OH)_2 + 2\ OH^-$

Wiederum stellt die Entladereaktion die Rückführung des ursprünglichen Zustands dar.

8.2.3-1 Ein ständiger Zuwachs an Kapazität prägt das Bild der NiMH-Entwicklung. Fast gleichzeitig stieg auch die Belastbarkeit der Zellen

8.3 Zellentypen und deren Eigenschaften

Trotz annähernd gleicher Zellenspannung kann die NiMH-Technologie den seiner Umweltproblematik wegen in Verruf geratenen NiCd-Akku nicht in allen Fällen ersetzen. Gleichwohl ist es den Ingenieuren gelungen, einige anfängliche Schwachpunkte der „Ersatzakkus" zu beseitigen. Heraus kamen bei diesen Entwicklungsbemühungen allerdings eher Spezialisten denn Allroundtalente.

8.3.1 *NiMH-Hochstromzellen*

Neben höheren Kapazitäten punkten NiMH-Hochstromzellen auch mit immer niedrigerem Innenwiderstand, was höhere Lastströme zulässt. Diese Qualitäten sind allerdings nur unter definierten Einsatzbedingungen nutzbar. So ist die Abgabe hoher Ströme allein bei hohen Zellentemperaturen (> 50 °C) möglich. Im Allgemeinen nutzt man hierzu den Temperaturanstieg am Ende der Schnellladung. Die Zellen müssen daher mit möglichst hohem Strom geladen und nach der –dU/dt-Methode abgeschaltet werden. In Kauf genommen wird hierbei ein äußerst bescheidener Energiewirkungsgrad, da ein beachtlicher Teil der zugeführten Energie am Ende nur noch der Zellenerwärmung dient. Auch ist damit eine enge zeitliche Abfolge von Ladung und Entladung indiziert. Es dürfte zudem einleuchten, dass solche Prozeduren die Lebenserwartung der Zellen drastisch reduzieren. Dies ist einer der Gründe, weshalb die NiMH-Hochstromzelle im kommerziellen Bereich, beispielsweise bei Powertools, nur sehr zögernd angenommen wurde.

Andererseits zeigt der im Kontext des Umweltschutzes weltweit heftig diskutierte Einsatz von NiMH-Akkus in Hybridautos (z. B. Toyota Prius), dass der NiMH-Akku durchaus zu den nachhaltig effizienten Energiespeichern zählt, wenn entsprechende Umfeldbedingungen eingehalten werden. So besteht eines der Geheimnisse der langlebigen Prius-Batterie (9 Jahre Garantie) hauptsächlich darin, dass ihre Kapazität nur zu einem geringen Teil (die Angaben bewegen sich zwischen 15 und 25%) genutzt wird. Der Akku wird also stets vom Bereich der Überladung ferngehalten und auch niemals tiefentladen. Man spricht in solchen Zusammenhängen auch von „flachen Zyklen".

8.3.2 *NiMH-Hochkapazitätszellen*

Vorwiegend für den Konsumerbereich wurden Zellen mit immer höherer spezifischer Kapazität entwickelt. So können Zellen der AA-(Mignon-)Größe mit Kapazitäten von über 2500 mAh aufwarten. Auch wenn die aufgedruckten Kapazitätsangaben nicht immer strengen Nachprüfungen standhalten, so ist doch gegenüber dem NiCd-Akku nahezu eine Kapazitätsverdopplung gelungen. Dies ist ganz im Sinn der Nachfrage, denn Digitalkameras, portable Phonogeräte und auch High-Tech-Spielzeuge verlangen nach ausgedehnten Laufzeiten ohne Nachladung.

Als unbefriedigend stellt sich in einer Ära, die durch latenten Zeitmangel gekennzeichnet zu sein scheint, auch die im Vergleich zu NiCd-Zellen begrenzte Ladegeschwindigkeit dar. Große Kapazitäten erfordern damit auch entsprechende Ladezeiten. Hauptgrund ist die Eigenschaft der NiMH-Technologie, schon während der Ladung Wärme zu entwickeln (Ladevorgang verläuft endotherm).

Mit der forcierten Kapazitätssteigerung verbunden war allerdings auch ein horrender Anstieg der Selbstentladungsrate. So bestimmt bei Geräten, die einen vergleichsweise geringen Stromverbrauch aufweisen (z. B. Fernsteuersender), oftmals nicht die Nutzungs- sondern eher die Liegedauer über die noch verfügbare Kapazität. Gleiches gilt für Geräte, die bisweilen längere Zeit unbenutzt herumliegen (Taschenlampen, Akkuwerkzeuge im Hobbybereich). Hier ist die Batterie gewöhnlich schon durch das Lagern so weit leer, dass sie vor dem Einsatz erneut aufgeladen werden muss. Problematisch ist auch, dass das Lagern vollständig entladener NiMH-Akkus zu irreversiblen Kapazitätsverlusten führen kann. Solche Zellen kommen daher gewöhnlich mit etwa 70%-Ladung in den Handel.

8.4 Neuentwicklungen

Die unter 8.3 dargestellten NiMH-spezifischen Defizite führten zu einigen recht interessanten Neuentwicklungen, die allerdings durch den Verzicht auf Superlative bezüglich Kapazität und Hochstromfestigkeit gekennzeichnet zu sein scheinen.

8.4.1 *Ultra-Schnellladezellen*

Unter der Bezeichnung charge and go entwickelte VARTA NiMH-Zellen, die innerhalb von 15 Minuten (Laderate 4 C) vollständig aufgeladen werden können. Da hier wegen der starken Erwärmung thermisch arbeitende Abschaltmethoden nicht mehr beherrschbar sind und daher auch die darauf basiernde Delta-Peak-Spannungsdetektion ausfällt, verbleibt als Abschaltkriterium allein der mit der Überladung steigende Innendruck der Zellen. Die VARTA-Techniker (bzw. die der damaligen Konzernmutter RAYOVAC) entwickelten daher eine Zelle mit einem integrierten Schalter, der bei entsprechend ansteigendem Innendruck den Ladestromkreis unterbricht. Damit können beispielsweise 2000-mAh-AA-Zellen mit einem Ladestrom von 8 A „vollgepumpt" werden. Da diese Express-Lademethode nur bei Charge and go-Zellen funktioniert, tragen die Zellen am Fuß eine entsprechende Codierung. Dies ist ein Widerstandsring, der dem VARTA-Spezialladegerät anzeigt, dass auch wirklich „blitzladungsgeeignete" Zellen im Ladefach liegen. Alle anderen Akkus werden nur regulär im 12-Stunden-Modus geladen.

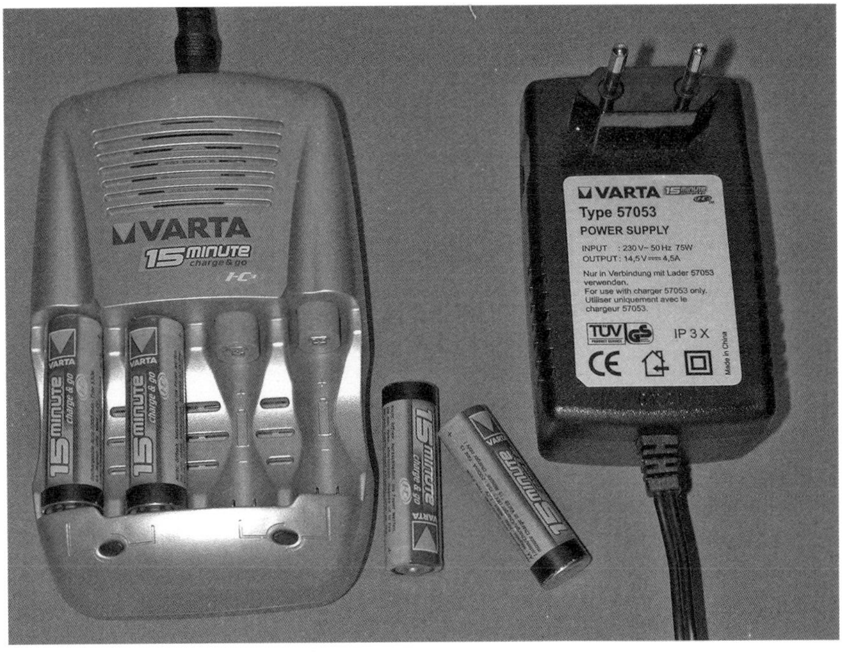

8.4.1-1 2000-mAh-AA-VARTA-Charge-and-go-Akkus mit 8-A-Turbolader. Der schwarze Ring am Fußende der Zellen dient zur Identifikation

8.4.2 Zellen mit reduzierter Selbstentladung

Die ***Eneloop***-Akkus (Sanyo-Vertrieb) sind die Antwort auf die NiMH-Selbstentladeproblematik. Herkömmliche Zellen können nämlich am ersten Tag nach der Aufladung bis zu 10% ihrer Ladung verlieren. Primär durch Verwendung neuartiger Separatoren und einer Veränderung in der Elektrolytzusammensetzung erreichte man eine mit Primärzellen vergleichbare Selbstentladung von ca. 15 bis 20% pro Jahr (bei Raumtemperatur). Sie können daher weitgehend vollgeladen in den Handel kommen und müssen erst vor Gebrauch aufgeladen werden, was mit handelsüblichen Ladern geschehen kann. Die Lebenserwartung orientiert sich an herkömmlichen NiMH-Zellen (durchschnittlich 300 bis 500 Zyklen).

8.4.2-1 Neu entwickelte NiMH-Zellen mit geringer Selbstentladung

Auch andere Hersteller zogen nach. So nennt sich das VARTA-Pendant „Ready 2 Use".

Offensichtlich bedingt das verwendete Separatorvlies einen etwas höheren Innenwiderstand. Damit scheiden diese Zellen für Modellantriebszwecke weitgehend aus. Selbst beim Einsatz als Empfängerstromversorgung ist zu prüfen, ob die Ergiebigkeit der Zelle ausreicht, um alle Stromspitzen abzufangen.

8.5 Nickel-Metallhydrid-Ladetechnik

Grundsätzlich werden NiMH-Akkus genau wie NiCd-Zellen mit Konstantstrom geladen. Damit erschöpfen sich allerdings die Gemeinsamkeiten schon weitgehend. Deshalb sollten NiMH-Akkus niemals an (alte) Geräte angeschlossen werden, die ausschließlich für das Aufladen von NiCd-Akkus konzipiert wurden (umgekehrt geht's schon eher!). Ausschlaggebend dafür sind folgende Gründe:

- Die NiMH-Ladekennlinie zeigt im Bereich des Spannungshöckers (–dU/dt) eine weit geringere Ausprägung. Der auswertbare Spannungsrückgang liegt hier bei 3 bis 15 mV/Zelle, während er bei NiCd-Akkus 10 bis 25 mV/Zelle beträgt.
- NiMH-Akkus reagieren schon bei kleinen Strömen weitaus empfindlicher auf Überladung. Im Gegensatz zu NiCd können Dauerladungen mit = > 0,1 C die NiMH-Zelle bereits bleibend schädigen.
- Hinzu kommt eine veränderte thermische Ladereaktion. Während der Ladeprozess bei NiCd endotherm verläuft (Zellen kühlen beim Laden ab), ist der entsprechende NiMH-Prozess exotherm (Zellen erwärmen sich beim Laden).

Somit verdienen bei NiMH-Akkus folgende Laderegeln Beachtung:

- Eine 12-Stunden-Ladung mit 0,1 C ist nur zulässig, wenn die Zellen zuvor vollständig entladen sind.
- Die Ladung ist ansonsten immer mit einer geeigneten Abschaltautomatik zu überwachen und bei Vollladung zeitnah zu beenden.
- Die Delta-Peak-Detektion muss eine höhere Empfindlichkeit aufweisen (s. o.).
- Der Ladestrom muss sich in festgelegten Grenzen bewegen, um eine sichere Vollerkennung zu gewährleisten. Zu empfehlen sind Laderaten von 0,5 bis 1 C. Bei ausgewiesenen Hochstromzellen (Modellantriebe) sind Kompromisse an die Lebenserwartung mit 1,5 bis 2 C möglich.
- Bei thermischer Überwachung darf, um eine sichere Vollladung zu erzielen, nicht unterhalb von 45 °C abgeschaltet werden. 65 °C gelten bei Hochstromzellen als sinnvolle Grenze.
- Ein Nachladen darf nur zeitlich begrenzt (3 h) mit maximal 0,05 C erfolgen.

Ein mögliches Abschaltkriterium ist auch die sogenannte Spannungsgradientenmethode, bei der die zweite Ableitung der Ladespannung nach der Zeit (d2U/dt2) zur Auswertung kommt. Sie detektiert den Wendepunkt des Spannungsanstiegs der Ladekurve zu Beginn des „Höckers" und führt damit tendenziell zu einer etwas verfrühten Abschaltung.

Gefahr droht der neuen Zellentechnologie von Ladegeräten, die mit automatischer Stromwahl arbeiten. Wurden diese Geräte ursprünglich für NiCd-Akkus gebaut, so liegen ihnen auch die Ladespannungsparameter dieser Technologie zugrunde.

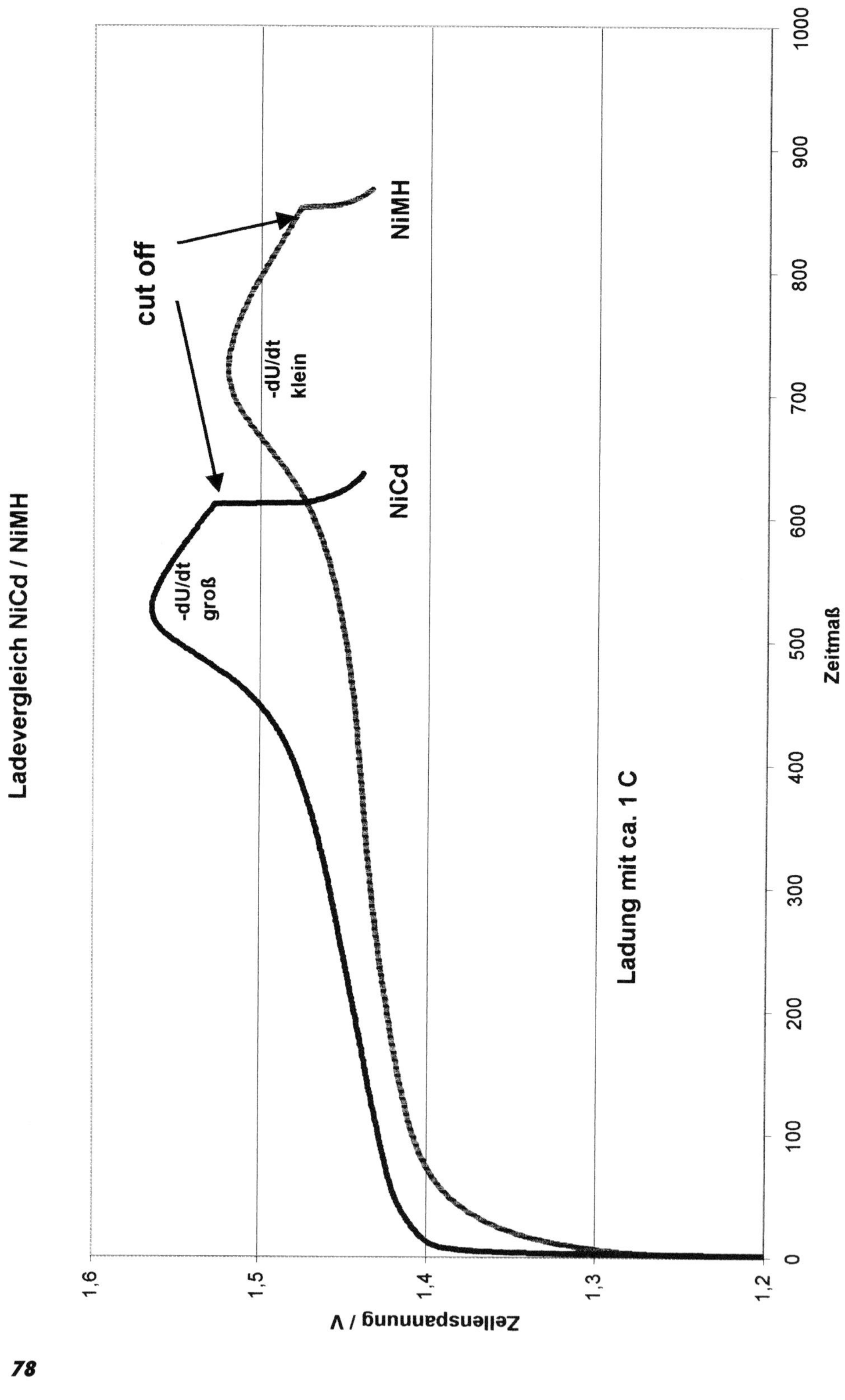
Ladevergleich NiCd / NiMH
cut off
-dU/dt groß
-dU/dt klein
NiCd
NiMH
Ladung mit ca. 1 C
Zellenspannung / V
1,6
1,5
1,4
1,3
1,2
0
100
200
300
400
500
600
700
800
900
1000
Zeitmaß

8.5-a

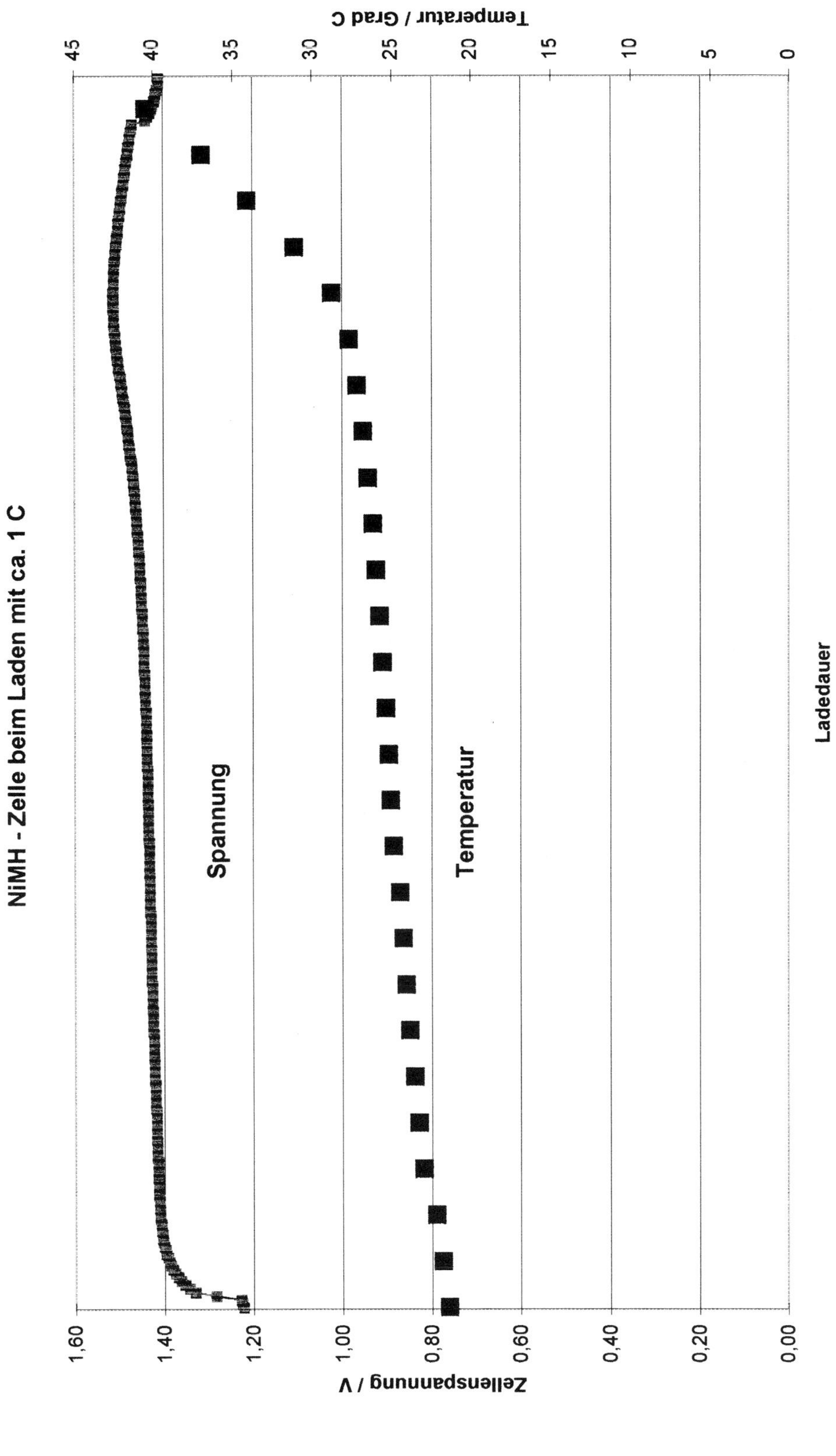
NiMH - Zelle beim Laden mit ca. 1 C
Spannung
Temperatur
Ladedauer
Zellenspannung / V
1,60
1,40
1,20
1,00
0,80
0,60
0,40
0,20
0,00
Temperatur / Grad C
45
40
35
30
25
20
15
10
5
0

8.5-b

Die systembedingt niedrigere Ladespannung von NiMH-Zellen „verführt" dann entsprechend 7.5.3.3-a dazu, höhere Ladeströme einzustellen, als der Zelle zuträglich sind. Daher wird weiterhin empfohlen, NiMH-Akkus im Konstantstrommodus mit grundsätzlich 1 C zu laden.

Eine sogenannte Normalladung mit Strömen um die 0,1 C ist daher, wie vorausgehend erwähnt, grundsätzlich nur mit Zeitbegrenzung (12 h) ratsam. Dauerladen mit sehr kleinen Strömen, selbst wenn nicht überladungsrelevant, führt bei NiMH-Akkus zu einem Anwachsen des Innenwiderstands. Diese Erscheinung wird auch mit „Lazy-Battery-Effekt" beschrieben und leider immer wieder mit dem Memoryeffekt bei NiCd-Akkus (siehe 7.6.1) verwechselt. Für Dauerladung ist ein NiMH-Akku daher auch aus diesem Grund nicht geeignet.

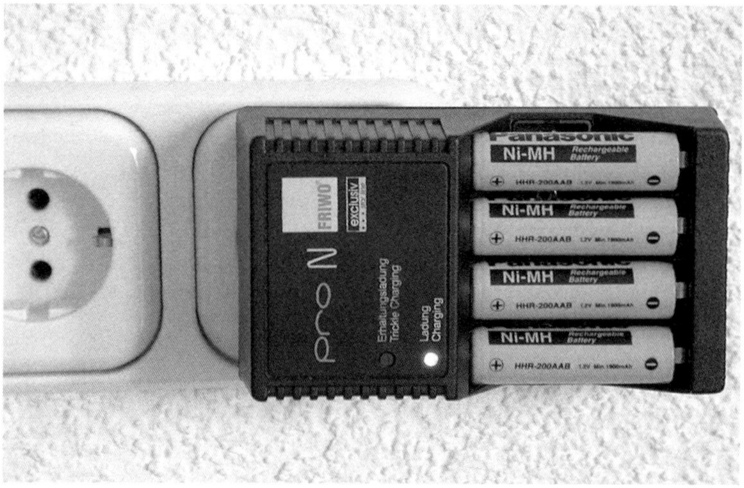

8.5-1 *Einfacher Steckdosenlader von FRIWO. Lädt jeweils vier AA-(Mignon-)Zellen mit 250 mA bzw. vier AAA-(Mikro-)Zellen mit 110 mA oder zwei 9-V-Blocks mit 20 mA. Ein Sicherheitstimer schaltet nach 7 Stunden Ladezeit auf Erhaltungsladen um*

8.6 Pflege und Lagerung von NiMH-Akkus

Speziell bei der NiMH-Technologie gilt: Nicht alle als „Akkupflege" empfohlenen Maßnahmen führen auch wirklich zur erwünschten Beibehaltung der „Zellengesundheit". Zudem erweisen sich beim NiMH-Akku (im Gegensatz zu NiCd) „Rehamaßnahmen" gewöhnlich als wenig aussichtsreich. Einmal eingetretene Schäden sind als irreversibel zu betrachten. Auch lässt sich das Rad der Alterung bei Akkus grundsätzlich nicht zurückdrehen.

Die Lagerung über einen längeren Zeitraum sollte hier nicht im vollständig entladenen Zustand erfolgen. Ein Ladegrad von ca. 60% wird empfohlen.

Die gegenüber der NiCd-Technik deutlich reduzierte Lebenserwartung hat im Wesentlichen zwei Gründe:

- ***Oxidation der Minuselektrode (Mischmetall)***
  Sie tritt besonders im entladenen Zustand auf. Daher dürfen NiMH-Akkus nicht über einen längeren Zeitraum entladen gelagert werden.
- ***Wasserstoffverlust***
  Wasserstoff (H2) entweicht sehr leicht aus geschlossenen Behältnissen, wie es eine gewöhnlich Akkuzelle darstellt. Dieses Entweichen von Wasserstoff bildet die Grundlage für die kalendarische Alterung eines NiMH-Akkus.

8.7 Leistungssteigernde Maßnahmen

Nicht nur bei modellsportlichen Wettbewerben kommt bisweilen der Wunsch auf, noch mehr Leistung (Kapazität, Spannung) aus den Batterien herauszuholen. Als sicherste Methode gilt hierbei, Batterien aus vorher selektierten Zellen zusammenzustellen, um den nachteiligen Einfluss von Exemplarstreuungen zu eliminieren. Selektiert werden kann nach:

- entnehmbarer Kapazität (bei definierter Last).
- Entladespannung (bei definierter Last).

Die Kapazitätsselektion beugt auch dem Risiko einer Umpolung einzelner Zellen im Fall einer Tiefentladung wirksam vor und sollte beim Zusammenstellen von Batterien eigentlich immer Beachtung finden. Vorsicht ist immer dann geboten, wenn Zellen aus unterschiedlichen Produktionschargen mit sehr unterschiedlichem Produktionsdatum bzw. „Vorleben" zu einer Batterie zusammengestellt werden.

Leider erfordert die Selektion von Einzelzellen einen immensen Aufwand, der die technischen Möglichkeiten des Endverbrauchers oftmals übersteigt. Zudem ist es unumgänglich, größere Mengen „Rohmasse" einzukaufen, damit überhaupt selektiert werden kann (... und wohin dann mit dem „Ausschuss"?).

Einige Firmen der modelltechnischen Branche haben sich auf die Zellenselektion spezialisiert. Die (mit entsprechendem Preisaufschlag) zu kaufenden Akkusätze tragen üblicherweise einen Papieraufkleber, der leider nicht immer den wünschenswerten Klartext spricht. Vermerkt ist die Entladedauer (in Sekunden) unter wettbewerbstypischen Lastbedingungen (z. B. VRS = virtual race simulation) sowie die oft nicht näher definierte mittlere Entladespannung.

Daneben stellt das sogenannte *Pushen* eine zwischenzeitlich auch von den Akkuherstellern anerkannte Methode dar, den Innenwiderstand bestimmter Zellentypen zu reduzieren. Hierbei wird ein kurz dauernder (< Millisekunde), aber sehr hoher (> 1000 A) Stromimpuls, der üblicherweise durch die Entladung einer Kondensatorbatterie zustande kommt, durch die zuvor entladene Einzelzelle geschickt.

8.7-1 Die Zellenaufdrucke weisen diesen Wettbewerbspack als selektiert und gepushed aus

8.7-2 Kondensatorbatterie 70 mF/100 V zum Pushen von Hochstromzellen. Damit die nötigen hohen Impulsströme zustande kommen, müssen alle Verbindungen extrem niederohmig ausgeführt sein

Es ist davon auszugehen, dass der hoch energetische Strompuls eine (temporäre?) Verbesserung der Elektrolytverteilung bewirkt. Allerdings wollen diese Stromstöße richtig dosiert sein, denn ein Zuviel des Guten lässt mitunter die internen Stromableiter (Verbindung zwischen Stromsammler und äußerem Zellenpol) durchbrennen.

Angemerkt sei, dass das geschilderte Verfahren nicht nur einen erheblichen apparativen Aufwand voraussetzt, sondern wegen der Höhe der erforderlichen Spannung bzw. der auftretenden Pulsströme ausschließlich von elektrotechnisch ausgebildeten Fachkräften praktiziert werden sollte.

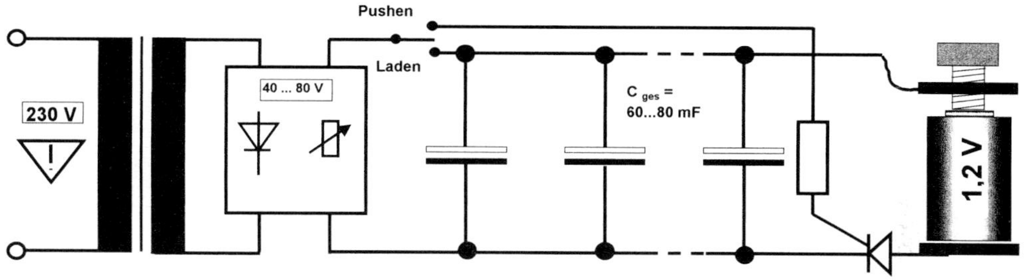

8.7-b Prinzipskizze, nicht zum Nachbau geeignet!

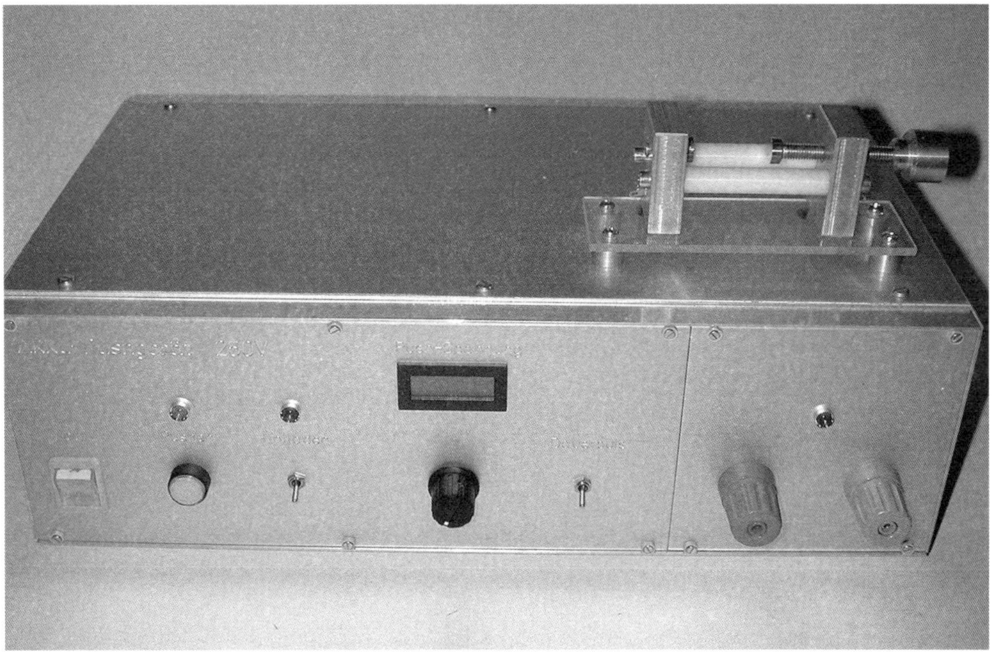

8.7-3 So sieht eine aus dem 230-V-Netz gespeiste „Pushmaschine" aus

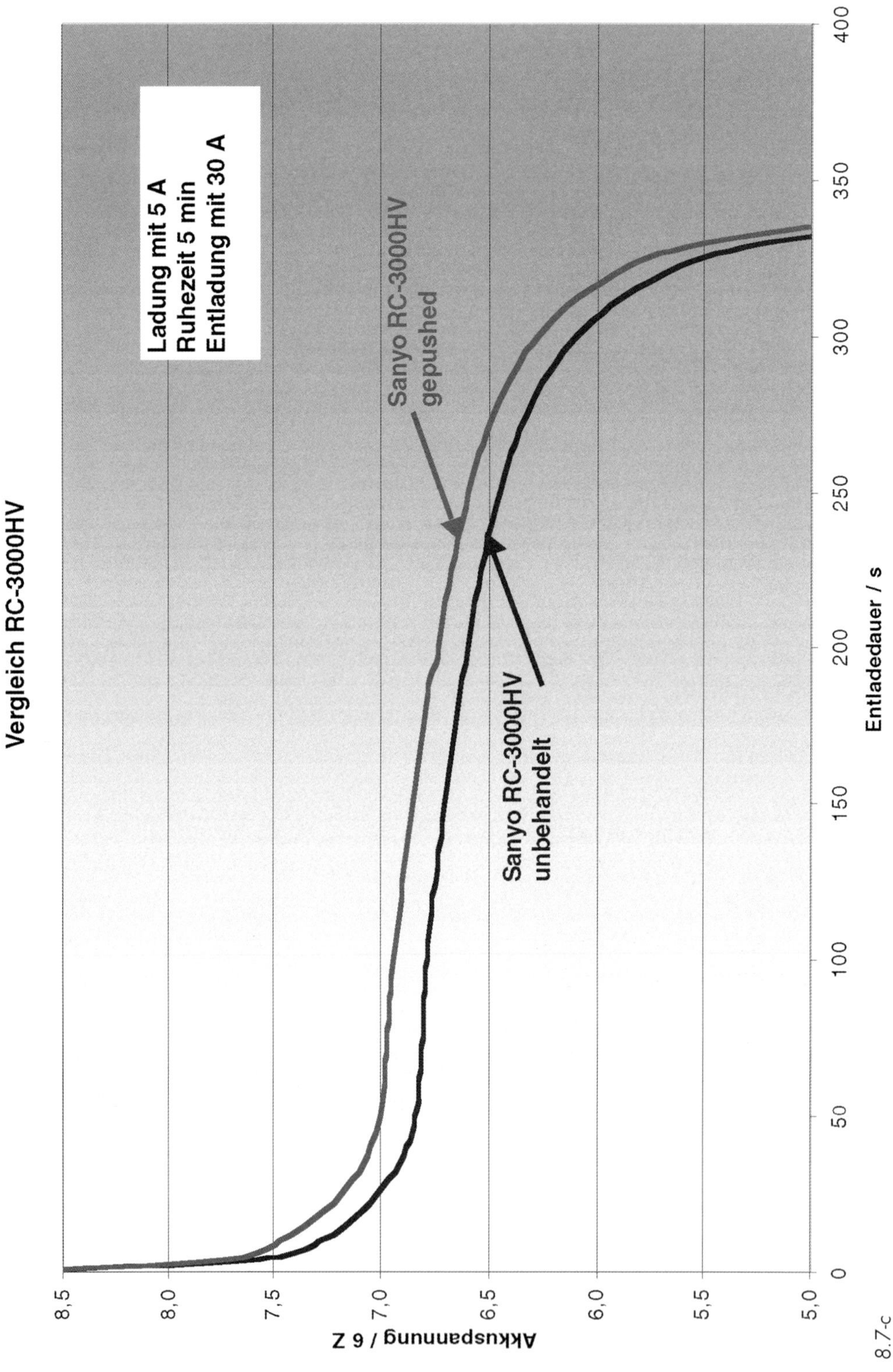
Vergleich RC-3000HV
Ladung mit 5 A
Ruhezeit 5 min
Entladung mit 30 A
Sanyo RC-3000HV gepushed
Sanyo RC-3000HV unbehandelt
Akkuspannung / 6 Z
8,5
8,0
7,5
7,0
6,5
6,0
5,5
5,0
Entladedauer / s
0
50
100
150
200
250
300
350
400

8.7-c

8.8 Verbindungstechnik

Neben der Qualität der zelleninternen Verbinder ist auch Art und Ausführung der äußeren Verbindungen (von Zelle zu Zelle) für die Leistung einer Batterie von ganz entscheidender Bedeutung, denn hier ist in jedem Fall mit Spannungabfällen zu rechnen. Diese fallen bei hohen Entladestromstärken durchaus ins Gewicht.

Üblicherweise werden die einzelnen durch einen Schrumpfschlauch isolierten Zellen nebeneinander aufgereiht und nach Abb. 8.8-a mittels punktverschweißter Ableiter verbunden. Die Verbinderstreifen dürfen, um schweißbar zu sein, allerdings nicht aus Kupfer bestehen, weshalb ihr ohmscher Widerstand nicht immer vernachlässigbar ist. Etwas besser schneidet hier die säulenförmige (Inline-)Anordnung nach Abb. 8.8-b ab, wo die Einzelzellen vor dem Verschweißen mit Kontaktnäpfen versehen werden.

Aus diesen Gründen werden in der Modelltechnik Batterien meist selbst zusammengestellt. Entgegen der dringenden Empfehlung der meisten Hersteller dominiert dabei immer noch die Löttechnik. Die Praxis scheint dieses eigenwillige Verhalten leistungsbewusster Modellsportler indes zu sanktionieren. Werden beim Löten gewisse Regeln genau eingehalten (löten, nicht braten!), so wird sich die Lebenserwartung der Stromspeicher nicht eklatant verschlechtern. Es gilt dabei die Grundregel zu beachten, dass sich die Zellen beim Löten nicht in schädlichem Maße erwärmen dürfen. Empfindlich ist vor allem der Pluspol, wo sich der Dichtring des Überdruckventils nicht verformen darf. Man erreicht ein schonendes Löten durch folgende Maßnahmen:

- Aufrauen der Lötstelle.
- Vorverzinnen beider Pole.
- Passgenau vorgeschnittene, vorverzinnte Kupferstreifen (z. B. 0,5 mm × 6 mm) verwenden.
- Oberen Zellenrand (Minus) durch schmalen Textilklebebandstreifen zusätzlich isolieren (falls darunterliegender Schrumpfschlauch schmilzt).

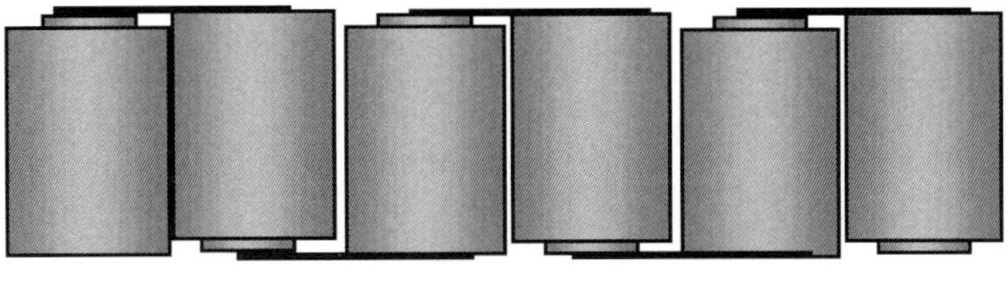

8.8-a
Streifenverbinder (verschweißt oder gelötet)

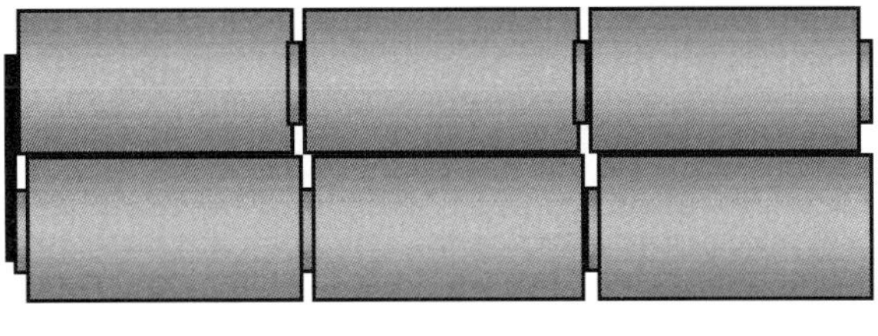

8.8-b
Inline-Verbindung (gelötet)

- *Schnelles Löten mit starkem Lötkolben (mindestens 75 W).*
- Lötstelle auf Lötspritzer hin überprüfen (notfalls mit GfK-Spachtel entfernen).

Etwas aufwändiger gestaltet sich das Inline-Verlöten von Akkuzellen. Jedoch erhält man dabei eine absolut widerstandsminimierte (leider auch ziemlich ultimative) Verbindung. Benötigt wird eine T-förmige Lötspitze (Hammerlötspitze), wie sie im gut sortierten Modellbaufachhandel angeboten wird, sowie eine V-förmige Schiene zum Ausrichten der Zellen.

Verfahren wird folgendermaßen:

- Aufrauen der Lötstelle.
- Vorverzinnen beider Pole.
- Fixieren der ersten Zelle in der Schiene. Zweite Zelle polrichtig (!) dazulegen.
- Hammerlötspitze zwischen zu verlötende Pole halten.
- Zuerst Minuspol (Zellenbecher) erwärmen, bis Zinn flüssig.
- Dann zusätzlich Pluspol erwärmen, bis Zinn flüssig (maximal 1 s).
  Lötspitze rasch entfernen und Zellen zügig zusammendrücken.
- Lötstelle auf Lötspritzer hin überprüfen (notfalls mit GfK-Spachtel entfernen).

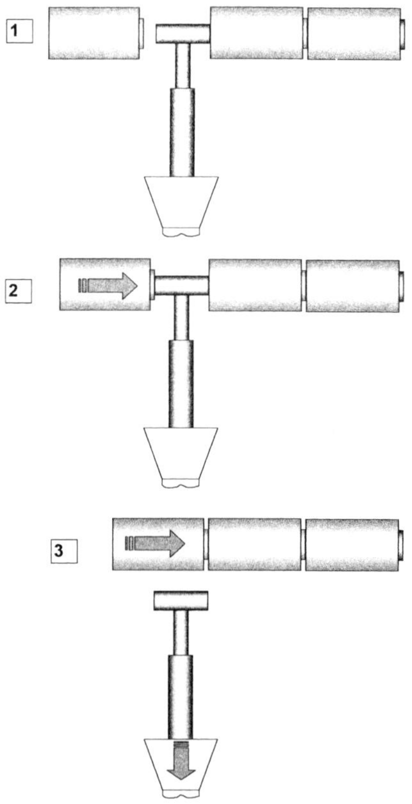

8.8-c

9 Blei-(Pb-)Akku

Der Blei-Bleidioxid-Akku, bekannt auch als Blei-(Schwefel-)Säure-Akku, ist bereits seit Mitte des 18. Jahrhunderts bekannt. Dieser älteste unter allen gebrauchsfähigen elektrochemischen Energiespeichern dürfte auch heute noch der weltweit meistgenutzte Akku sein. Dies trifft allein schon aufgrund seiner massenhaften Verwendung als Kfz-Starterakku („Autobatterie") zu. Doch auch bei Notstromanlagen wird der Pb-Akku trotz moderner Konkurrenz noch lange unersetzbar bleiben, wie überall dort, wo das konkurrenzlos günstige Preis-Leistungs-Verhältnis dieses Speichersystems den Ausschlag gibt. Bei keiner anderen Akkutechnologie gibt es mehr Wattstunden pro Euro, denn der Grundstoff Blei ist in großen Mengen verfügbar und aus alten Batterien leicht recycelbar.

Zu den positiven Eigenschaften dieses Akku-„Oldies" zählen fraglos die unermessliche Robustheit, die hohe Zellenspannung von 2 V sowie die einfach zu handhabende Ladetechnik. Auf der Minusseite wären eine begrenzte Zyklenfestigkeit sowie die nur unter günstigen Umständen voll nutzbare, ohnehin bescheidene spezifische Energie von 30 bis 50 kg/Wh zu nennen wie auch die Toxizität des Schwermetalls Blei. Außerdem erwies es sich als schwierig, den Pb-Akku in kleinen Einheiten zu produzieren.

9.1 Aufbau und Ausführungsformen von Pb-Akkus

Üblicherweise findet man bei Pb-Akkus den prismatischen Zellentyp, wobei gewöhnlich mehrere Zellen in einem Gehäuse mit entsprechend vielen Kammern zusammengefasst und (intern) in Reihe geschaltet sind.

Werden Bleibatterien im Bereich großer Notstromanlagen bzw. zum Zweck einer unterbrechungsfreien Stromversorgung stationär betrieben, beherrscht die sogenannte *geschlossene Zelle* (meist als offene Zelle bezeichnet) die Szene. Auch bei Kfz-Starter-Batterien ist dieser Typ noch recht häufig anzutreffen. Hier jedoch werden diese Batterien mit leicht entfernbaren Verschluss-Stopfen (zum Nachfüllen von verbrauchtem Wasser) zunehmend durch sogenannte wartungsfreie (?) Batterien, bestehend aus *verschlossenen Zellen,* ersetzt. Diese enthalten ein Überdruckventil, das auch erhöhten Betriebsdrücken standhält und sich nur bei außergewöhnlich hohem Innendruck (z. B. infolge starker Überladung oder extremer Innentemperatur) öffnet. Diese Zellen sind so konzipiert, dass der Elektrolythaushalt während der normalen Nutzungsdauer auch bei alltagsüblichen „Bedienersünden" nicht sofort aus der Balance gerät. Wartungsfrei heißt hier allerdings, dass Wartung (Nachfüllen) schlicht nicht möglich ist!

Bleiakkus benötigen eine vergleichsweise große Menge Elektrolyt in Form verdünnter Schwefelsäure, da diese mit an den chemischen Reaktionen teilnimmt. Sol-

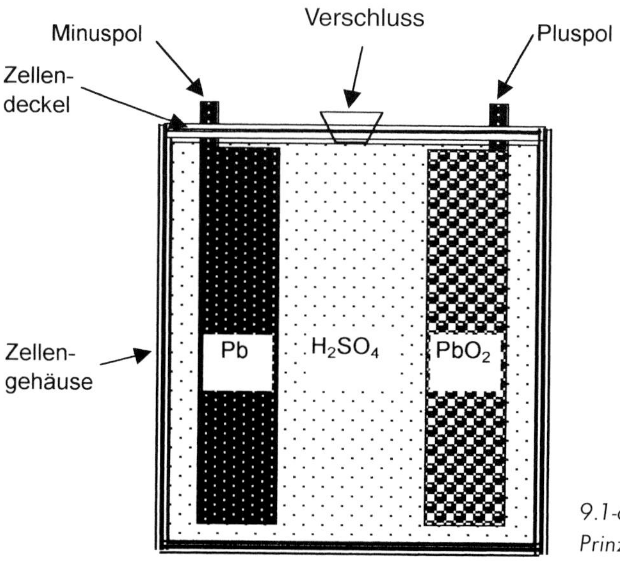

9.1-a
Prinzipieller Aufbau einer Blei-Säure-Zelle

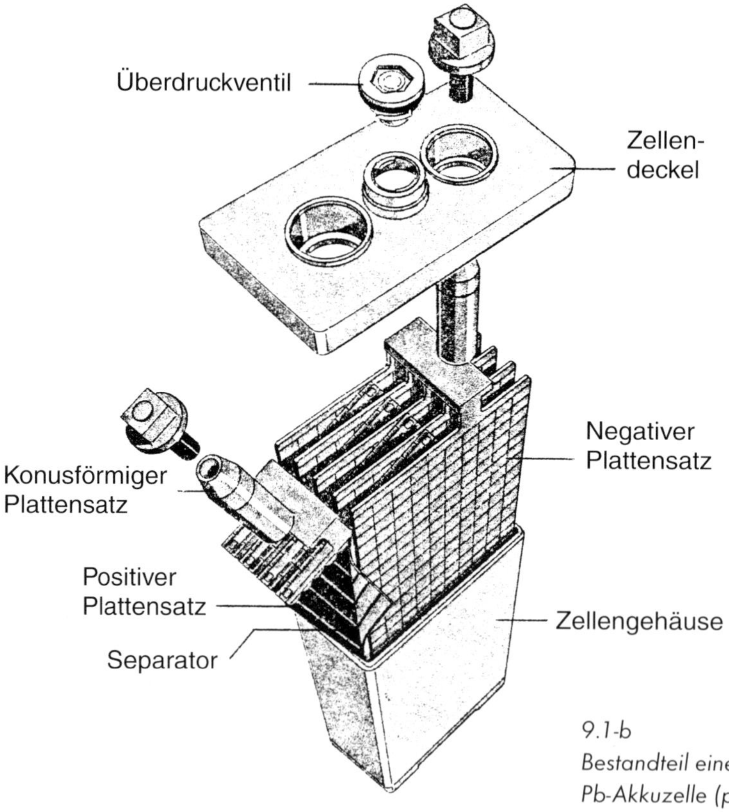

9.1-b
Bestandteil einer verschlossenen Pb-Akkuzelle (prismatisch, Sonnenschein)

len die Batterien auch lageunabhängig einsetzbar sein, muss diese stark ätzende Flüssigkeit „gebändigt" werden. Möglich ist eine Festlegung des Elektrolyten durch Einlagerung von Kieselgur-Gel. Solche Blei-Gel-Batterien (Hersteller Sonnenschein) können dann in jeder Lage betrieben werden, haben eine vergleichsweise geringe Selbstentladung und weisen eine verbesserte Zyklenfestigkeit auf. Man bezahlt diesen Komfort allerdings mit einer gewissen Einschränkung der Ionenbeweglichkeit, d. h. mit etwas erhöhtem Innenwiderstand und letztlich geringerer Kapazitätsausbeute. Eine andere Methode besteht darin, die Batteriesäure nach dem „Pampers-Prinzip" in Separatorplatten aus feinen Glasfasern zu binden. Auch diese Konstruktion erlaubt einen weitgehend lageunabhängigen Betrieb.

Pb-Rundzellen mit gewickelten Folienelektroden, die einen besonders niedrigen Innenwiderstand aufweisen, wurden in den letzten Jahren zunehmend durch andere Akkusysteme vom Markt verdrängt und sollen daher im Rahmen dieser Abhandlung keine weitere Berücksichtigung erfahren.

Bei den kleinen Akkus (Konsumerbereich) herrscht die sogenannte Gitterplatte vor. Sie besteht aus Blei mit Zusätzen von Antimon bzw. Kalzium. In die Hohlräume der Gitterplatten werden die elektrochemisch aktiven Substanzen eingepresst. Dies ist auf der positiven Platte Bleidioxid (PbO_2) und minusseitig fein verteiltes, metallisches Blei (Pb). Dazwischen liegt der Separator, welcher die Elektroden auf Abstand halten, dabei aber den Ionentransport und auch den Säurefluss nicht behindern soll. Bei großen Akkus mit hinreichend stabilen Polplatten findet man hier Abstandshalter aus Gummi oder Kunststoff.

Die (ladezustandsabhängige) Konzentration der Schwefelsäure darf einen bestimmten Höchstwert nicht übersteigen, sonst greift sie das Trägermaterial an. Die Batteriegehäuse sind heute üblicherweise aus Kunststoff (ABS) gefertigt.

Das zellinterne wieder schließende Überdruckventil muss eine stärkere Aufblähung bzw. ein Bersten der Zellenwandung verhindern. Mit flüssigkeitsabsorbierenden Materialien im Ventilbereich wird ein Austreten von Säure weitestgehend unterbunden.

9.2 Elektrochemische Prozesse

Auch hier gilt es wieder zu unterscheiden zwischen der

- Ladereaktion, bei der das aktive Elektrodenmaterial Energie aufnimmt und die Säuredichte ansteigt.
- Entladereaktion, bei der die aufgenommene Energie wieder abgegeben wird und die Säuredichte abnimmt.
- Überladereaktion, bei der die Speichermöglichkeit erschöpft ist und die Gasung einsetzt.

Da beide Mal der Elektrolyt, bestehend aus Schwefelsäure und Wasser, an der Reaktion mit teilnimmt, erscheint es beim Pb-Akku sinnvoll, die Gesamtreaktionen darzustellen:

$$\mathbf{PbO_2 + 2H_2SO_4 + Pb \longleftarrow \text{laden} \quad \text{entladen} \longrightarrow PbSO_4 + 2H_2O + PbSO_4}$$

In der wässrigen Lösung zerfallen die Schwefelsäuremoleküle in ein zweifach positiv geladenes Wasserstoff-Ion $2H^+$ und einen negativ geladenen Säurerest SO_4^-. Werden nun an der Minusplatte vom Ladegerät zwei Elektronen angeboten, so ziehen diese die H^+-Ionen „an Land" und drängen das Bleisulfat aus seiner Verbindung, wobei ein Molekül Schwefelsäure und metallisches Blei entsteht. Am Pluspol reagiert der negative Säurerest unter Elektronenabgabe mit Bleisulfat und zwei Teilen Wasser zu Bleidioxid, gleichfalls unter Bildung von zwei Säuremolekülen. So ist das Ansteigen der Säurekonzentration beim Ladevorgang zu erklären.

Auch hier stellt die Entladung wieder die Umkehrung der beschriebenen Elektrodenreaktionen dar, wodurch Schwefelsäure verbraucht und Wasser generiert wird.

Bei offen zugänglichen Pb-Zellen („nur" mit Stopfen geschlossene Zellen) ist es daher möglich, mithilfe der Säuredichte den Ladezustand zu bestimmen. Sie beträgt bei vollgeladenen Akkus normalerweise 1,26 bis 1,29 g/cm³; wenn sie auf 1,12 bis 1,10 g/cm³ gesunken ist, gilt der Akku als entladen.

Da die Säuredichte auch Einfluss auf die Zellenspannung nimmt, gibt es beim Pb-Akku einen zwar temperaturabhängigen, aber dennoch messtechnisch verwertbaren Zusammenhang zwischen Ruhespannung und Ladezustand. Bei Normaltemperatur gilt die Faustformel:

Ruhespannung (in V) = 0,84 + Säuredichte (in g/cm³)

Beim Überladen, ab ca. 2,4 V Zellenspannung (temperaturabhängig), setzt eine Gasung ein. Dabei entsteht zuerst an der positiven Elektrode Sauerstoff. In verschlossenen Systemen kann dieser, soweit die Produktionsmenge in Grenzen bleibt, an der negativen Elektrode wieder absorbiert werden. Bei kleinen Überladeströmen kommt es zu folgenden Elektrodenreaktionen:

Positive Elektrode: $\mathbf{H_2O \longrightarrow \frac{1}{2}O_2 + 2H^+ + 2e^-}$

$\downarrow$

Negative Elektrode: $\mathbf{Pb + \frac{1}{2}O_2 + 2H_2SO_4 \longrightarrow PbSO_4 + H_2O}$

Über diese Mehrfachreaktion entsteht minusseitig immer wieder Bleisulfat, womit die ganz oben gezeigte Ladereaktion fortschreitet und der Stromfluss aufrechterhalten wird. Durch den Sauerstoffverzehr begrenzt sich der innere Druckanstieg.

Erst bei hohem Überladestrom entsteht dann auch an der Minuselektrode durch Elektrolyse auch Wasserstoffgas:

Negative Elektrode: $2H^+ + 2e^- \longrightarrow H_2$

Jetzt entwickelt sich das explosive Knallgas. Die Batterieräume müssen daher, wenn es zu einer starken Überladung kommen kann, gut gelüftet werden.

9.3 Batterievarianten

Im stationären Bereich (Notstromanlagen) bestimmen (plusseitig) Röhren- oder Panzerplattenelektroden die Szene. Hier ist die aktive Masse in (zwecks Säurezutritt) geschlitzte Kunstoffröhren oder poröse Glasfaserröhren abgefüllt. Die Stromableitung besorgen zentrisch eingebrachte Bleistangen. Die Röhren erlauben es der aktiven Masse, sich leicht ausdehnen zu können, ohne den vorgesehenen Raum zu verlassen. Der Batterietyp gilt daher zu Recht als extrem zyklenfest und langlebig.

Die Starterbatterie (heute fast ausschließlich in 12-V-Ausführung) ist mit Blick auf geringen Innenwiderstand, günstiges Tieftemperaturverhalten und hohe Ladestromaufnahme „gezüchtet". Das Preis-Leistungs-Verhältnis dieses Typs ist unschlagbar, Ladewirkungsgrad bei kleinen Strömen sowie Zyklenfestigkeit sind eher bescheiden.

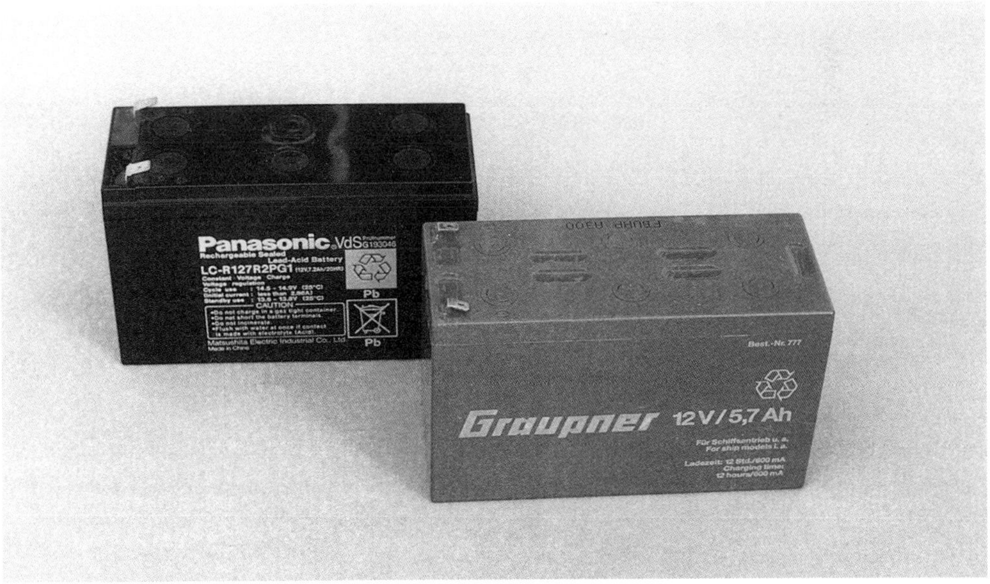

9.3-1 *Verschlossene Pb-Akkus. Die Festlegung ihres Elektrolyten lässt einen weitgehend lageunabhängigen Betrieb zu*

Antriebs- und Beleuchtungsbatterien bieten daher deutlich verbesserte Tiefentladeeigenschaften (Zyklenfestigkeit), was allerdings auch mit einem weit höheren Anschaffungspreis verbunden ist.

Auf hohen Ladewirkungsgrad schließlich sind sogenannte Fotovoltaik- oder Solarbatterien optimiert. Sie können auch noch mit geringsten Stromstärken geladen werden und zeigen gegenüber Starterbatterien ein verbessertes Zyklenverhalten. Hohe Entladestromstärken (> 0,2 C) sind zu vermeiden.

Ausführungen zu Pb-Akkus mit festgelegtem Elektrolyten siehe 9.1.

9.3-2
Als Energiespeicher in fotovoltaischen Anlagen wurden sogenannte Solarbatterien speziell konstruiert. Sie haben vor allem bei kleinen Ladeströmen einen besseren Energiewirkungsgrad als beispielsweise Starterbatterien

9.4 Entladeverhalten und Innenwiderstand

Die Ruhespannung U_o einer voll aufgeladenen Pb-Zelle liegt bei 2,1 V.

Mit zunehmender Entladetiefe sinkt die Ruhespannung ab (Einfluss der Säuredichte). Dadurch fällt beim Pb-Akku die Entladespannung von Anfang an kontinuierlich ab und sie zeigt auch kein ausgeprägtes Spannungsplateau. Charakteristisch ist der sogenannte Spannungssack, eine kleine Einbuchtung der beginnenden Entladekennlinie, der sich vor allem bei neuen Batterien zeigt.

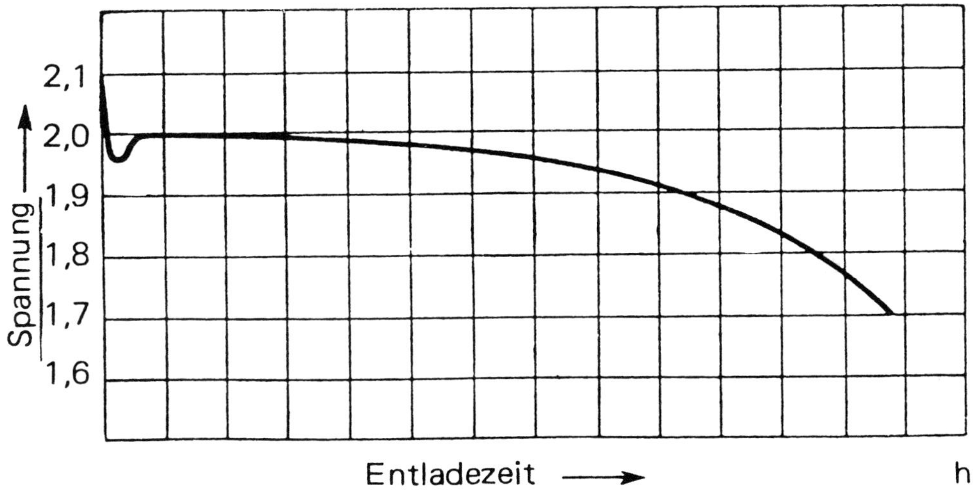

9.4-a *Typischer Verlauf der Entladespannung beim Pb-Akku (Varta)*

9.4.1 *Einfluss des Entladestroms auf Zellenspannung und Kapazität*

Bei Belastung geht die Entladespannung wie bei allen Stromquellen entsprechend dem Spannungsabfall am Innenwiderstand zurück.

$$U_{last} = U_o - I \times R_i$$

Gravierend ist bei der Pb-Technologie der Einfluss der Entladestromhöhe auf die entnehmbare Kapazität. So wurde die Nennkapazität wohlweislich bei 20-stündiger Entladung (0,05 C) definiert. Möchte man die Akkuladung beispielsweise in einer Stunde (1 C) entnehmen, so ist nur noch ein Bruchteil der Nennkapazität verfügbar. Dieser Rückgang ist bei keiner anderen Akku-Technologie so stark ausgeprägt. Dies schränkt die Leistung des Systems erheblich ein (siehe Abb. 9.4.1-a). Schuld an diesem Defizit ist die Volumenzunahme des Elektrodenmaterials bei Entladung. Bleisulfat ($PbSO_4$) beansprucht mehr Raum als die Ausgangsprodukte Pb bzw. PbO_2. Bei rascher Entladung (= Sulfatwachstum) werden die Ausgangsprodukte vom ent-

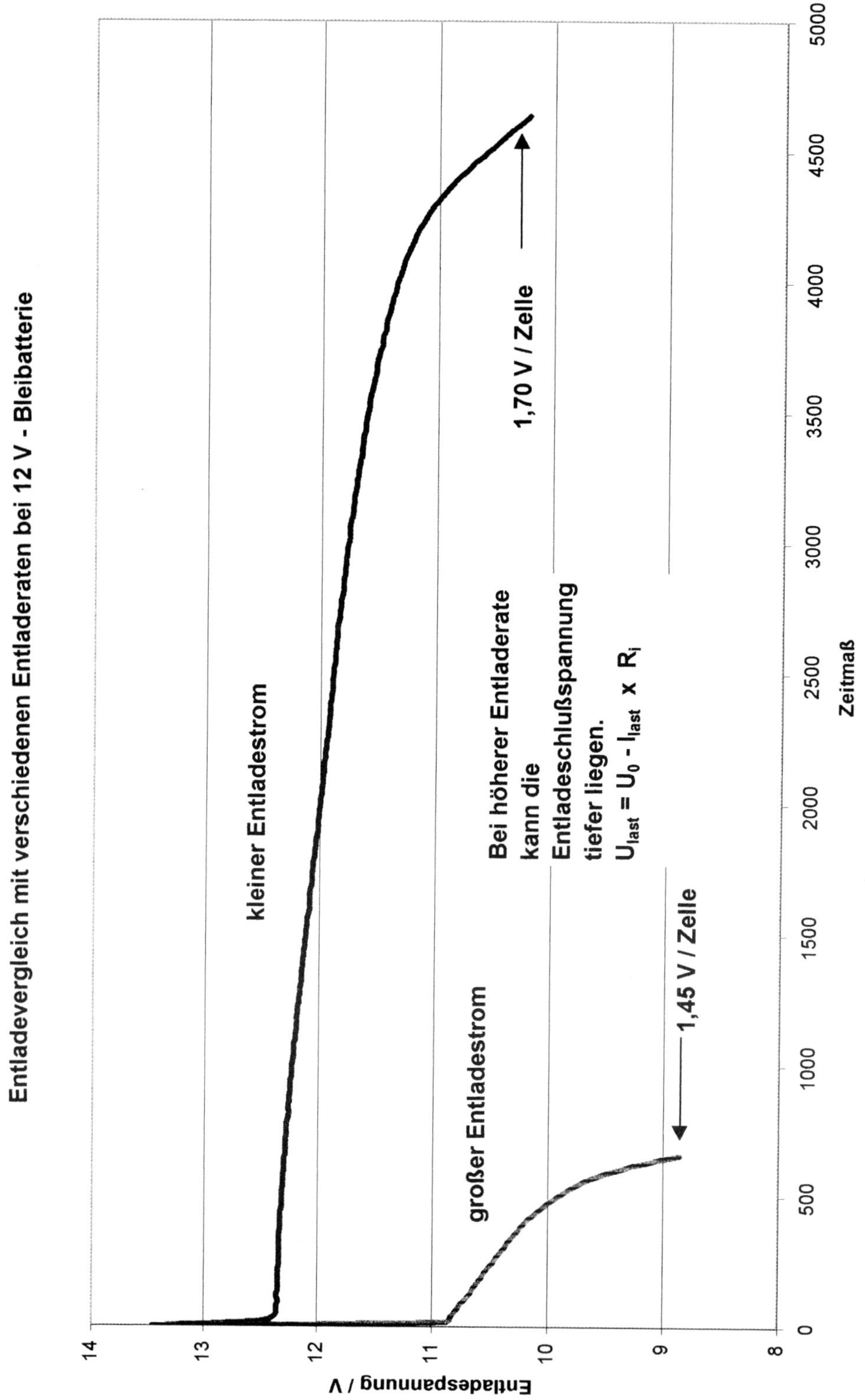
Entladevergleich mit verschiedenen Entladeraten bei 12 V - Bleibatterie
kleiner Entladestrom
großer Entladestrom
1,70 V / Zelle
1,45 V / Zelle
Bei höherer Entladerate kann die Entladeschlußspannung tiefer liegen.
$U_{last} = U_0 - I_{last} \times R_i$
Entladespannung / V
Zeitmaß
14
13
12
11
10
9
8
0
500
1000
1500
2000
2500
3000
3500
4000
4500
5000

9.4.1-a

stehenden Sulfat quasi eingeschlossen (Verkrustungseffekt). Außerdem kommt es bei hohen Entladeströmen zu einem Konzentrationsgefälle im Elektrolyten durch das entstehende Wasser, das die Schwefelsäure in Elektrodennähe stark verdünnt. Kann sich die Säurekonzentration in einer Pause wieder ausgleichen, so steigt auch die Entladespannung wieder an (Erholungseffekt). Der Akku kann somit bei intermittierender Belastung mehr Energie abgeben als bei Dauerlast.

9.4.2 Einfluss der Zellentemperatur

Der Temperaturbereich eines Pb-Akkus erstreckt sich von – 15 bis +50 °C. Darüber sinkt zwar der Innenwiderstand noch etwas, doch sind noch höhere Temperaturen der Lebensdauer abträglich. Bekannt ist zudem jedem Autofahrer, dass der Innenwiderstand einer Bleibatterie bei Kälte anwächst. Gleichzeitig sinkt auch die verfügbare Kapazität.

9.4.3 Entladeschluss-Spannung und Tiefentladung

Wenn die Ruhespannung einer Pb-Zelle auf 1,7 V abgesunken ist, gilt sie als entladen. Ein weiteres „Auslutschen" ist zwar durchaus möglich, kann die Batterie aber nachhaltig schädigen. Der Grund ist in dem schon erwähnten Raumbedarf des $PbSO_4$ zu suchen. Dadurch sprengt es irgendwann mal den zur Verfügung stehenden Raum in den Kammern der Gitterplatten. Dabei können sich Teile des Blei-

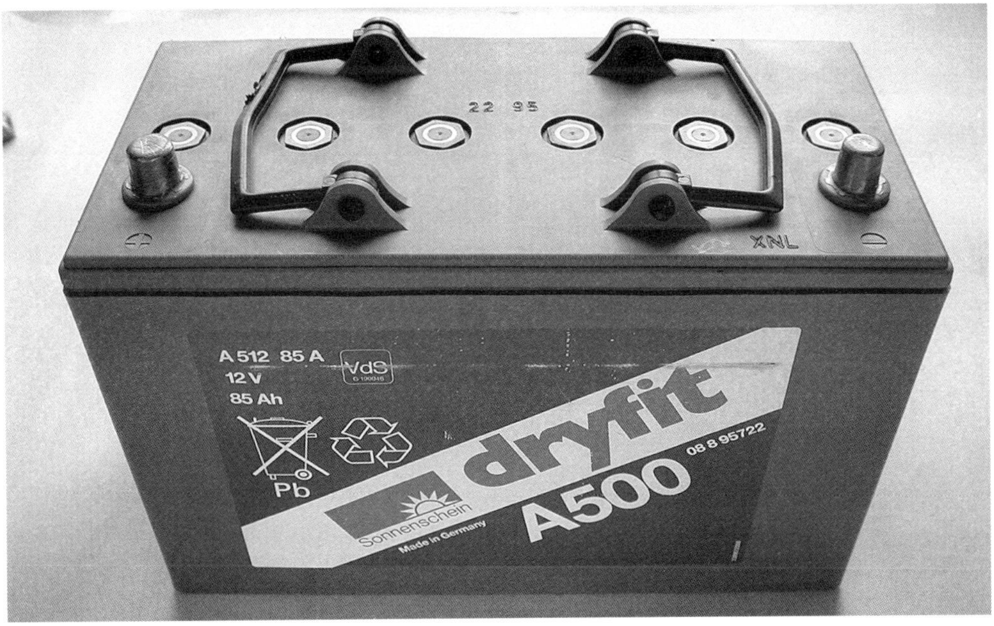

9.4.3-1 Dryfit-Gel-Batterie von Sonnenschein. Geringere Selbstentladung als herkömmliche Pb-Batterien mit flüssigem Elektrolyten und weniger empfindlich gegen Tiefentladung

sulfats ablösen (zerbröseln) und auf den Zellenboden fallen. Sie bilden dort den sogenannten Batterieschlamm, der in entsprechender Menge zu einem internen Kurzschluss und damit zum „Batterieexitus" führen kann.

Dieses Volumenwachstum ist auch der Grund für die mangelnde Zyklenfestigkeit des Pb-Akkus. Insbesondere Kfz-Batterien, bei denen man aus Preis- und Kapazitätsgründen die zur Verfügung stehenden Kammervolumina weitestgehend „vollstopft", sollten niemals mehr als zur Hälfte entladen werden, was im Autoalltag (kurzer Anlasserbetrieb, Parklicht) durchaus einzuhalten ist. Werden solche Batterien dann allerdings zu lang dauernder Hochstromentnahme zweckentfremdet, so ist mit deutlich reduzierter Lebenserwartung zu rechnen. Gel-Batterien gelten deshalb als verbessert tiefentladungsfest, weil das Bleisulfat hier durch den eingedickten Elektrolyten am Abbröckeln gehindert wird.

9.4.4 Selbstentladung

Die Polgitter einfacher Akkus von offener Bauart enthalten meist Antimon als Legierungsbestandteil. Dadurch kommt es zu chemischen Nebenreaktionen, die eine Selbstentladung zur Folge haben. Man darf bei Normaltemperatur von ca. 1% pro Tag ausgehen. Hohe Temperaturen wirken auch hier beschleunigend. Verschlossene Typen, bei denen Antimon durch Kalzium ersetzt wurde, schneiden in diesem Punkt deutlich besser ab und zählen zu den Stromspeichern mit der geringsten Selbstentladung.

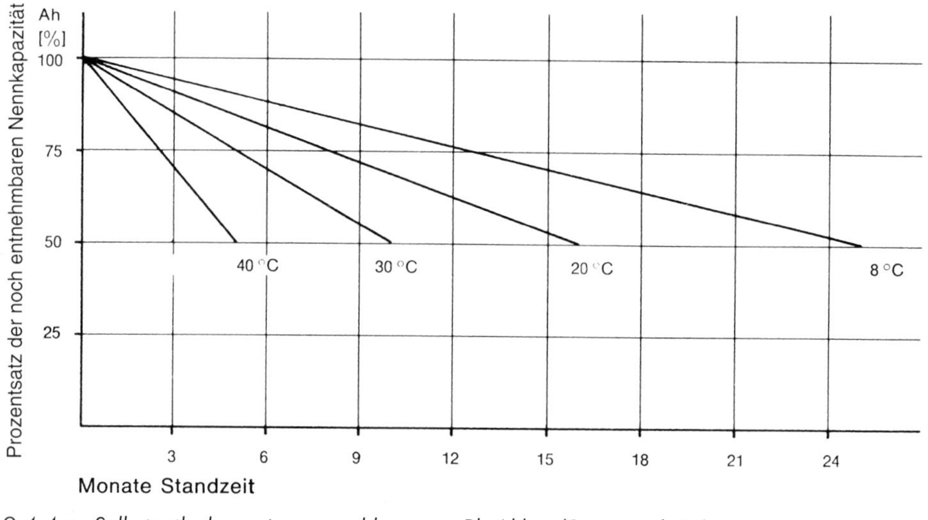

9.4.4-a Selbstentladung eines verschlossenen Pb-Akkus (Sonnenschein)

9.5 Blei-Ladetechnik

Das Aufladen von Pb-Akkus stellt prinzipiell keine hohen Anforderungen an die Ladetechnik, denn es gibt klare und eindeutige Zusammenhänge zwischen Ladezustand und Ladespannung. Lediglich bei extremen Temperaturen sind besondere Maßnahmen erforderlich.

Die Aufladung erfolgt theoretisch nach der U-Kennlinie (siehe 6.1.3), wobei das Ladegerät die Spannung vorgibt, der Ladestrom vom Innenwiderstand des Akkus selbst bestimmt wird. Bei dieser Ladeart können allerdings in der Anfangsphase sehr hohe Ströme fließen, soweit das Ladegerät diese zu liefern imstande ist. Auch verträgt nicht jeder Akkutyp diesen so möglichen „furiosen" Ladeauftakt.

Deshalb kommt in der Praxis meist ein kombiniertes IU-Verfahren zum Einsatz. Dabei muss zu Anfang der Ladung je nach Batterietyp die Stromstärke durch das Ladegerät auf beispielsweise 0,2 bis 0,5 C begrenzt werden. Bei Batterien mit hoher Kapazität geschieht dies gewöhnlich ohnehin, weil das verwendete Ladegerät den für die Batterie höchstzulässigen Ladestrom gar nicht zu liefern imstande ist. Mit steigender Batteriespannung (und damit rückläufiger Spannungsdifferenz zwischen Lader und Akku) begrenzt dann der ohmsche Widerstand des Ladestromkreises den Strom. Wenn die Ladespannung zuvor richtig gewählt wurde, kommt es zu keiner Überladung, weil der Strom am Ende auf einen Minimalwert absinkt, der nur noch die laufenden Selbstentladungsverluste deckt.

Im Vergleich zu anderen Technologien (z. B. Lithium) lässt der Pb-Akku bei der Ladeschluss-Spannung sogar ein wenig „mit sich reden". Bei Normaltemperatur gelten folgende Spannungswerte als akzeptabel:

- 2,23 V/Zelle (entspr. 13,4 V bei 12V-Batterie): Akku wird in jedem Fall vollgeladen, es ist aber mit einer längeren Aufladezeit zu rechnen. Darf dauernd am Ladegerät verbleiben.
- 2,30 V/Zelle (entspr. 13,8 V bei 12V-Batterie): Akku wird beschleunigt aufgeladen. Darf dauernd am Ladegerät verbleiben.
- 2,35 V/Zelle (entspr. 14,1 V bei 12V-Batterie): Höchstzulässige Dauerladespannung. Akku beginnt jetzt bei leichter Überschreitung bereits zu gasen. Spannung sollte sicherheitshalber nur während der nötigen Aufladezeit (einige Stunden Sicherheitszugabe erlaubt) am Ladegerät hängen. Bei nicht verschlossenen Akkus gelegentlich Säurestand kontrollieren.
- 2,40 V/Zelle (entspr. 14,4 V bei 12V-Batterie): Akku fängt sicher an zu gasen, Säurestand im Auge behalten und nötigenfalls destilliertes Wasser nachfüllen. Bei verschlossenen Akkus gelten wegen der internen Sauerstoffabsorption 2,45 V als Kurzzeitladegrenze (30 min/Tag).
- 2,7 V/Zelle (entspr. 16,2 V bei 12V-Batterie): Akku gast heftig. Stopfen entfernen, Batterieraum gut lüften und unbedingt anschließend fehlende Flüssigkeit

(destilliertes oder entmineralisiertes Wasser) nachgießen. Nur zeitlich begrenzt und überwacht (Funktionstest) erlaubt. Vorsicht! Säuretröpfchen könnten mit heraussprudeln. Bei verschlossenen Zellen sichere Methode, die Funktionsfähigkeit des Sicherheitsventils und die mögliche Lebensdauer unter extremen Bedingungen zu testen!

Manche Hersteller- bzw. Vertriebsfirmen empfehlen ihren Kunden bei verschlossenen Pb-Batterien die Konstantstromaufladung. Diese lässt sich auch mit NiCd-Ladegeräten durchführen.

Vom Prinzip her ist diese Lademethode für Pb-Akkus jedoch ungeeignet, da sie den Ladezustand der Batterie unberücksichtigt lässt. Das Laden mit Konstantstrom ist allenfalls dann zulässig, wenn der Ladestrom im Bereich < 0,02 C bleibt. Dann allerdings dauert die Aufladung einer zuvor leeren Batterie einige Tage, da ja auch noch die laufenden Selbstentladeverluste gedeckt werden müssen.

Wenn der Anfangsladezustand bekannt ist, kann zeitlich begrenzt mit höherem Strom (0,2 C) geladen werden. Es sollte dann sicherheitshalber bei (rechnerisch) 80% eingeladener Kapazität auf 0,02 C zurückgeschaltet werden. Diese Rate kann auch als Erhaltungsladestrom dienen. Eine zeitweilige Kontrolle der Ladespannung kann grundsätzlich nicht schaden. Wird diese Lademethode auf nicht verschlossene Akkutypen ausgedehnt, empfiehlt sich, gelegentlich einen kritischen Blick auf den Säurestand zu werfen

Beispiel: *Ein zu 50% entladener 10-Ah-Pb-Akku soll mit Konstantstrom in zwei Stufen wieder aufgeladen werden. Hierbei erreicht man nach 1,5-stündiger Ladung mit 2 A (rechnerisch) 80% Ladezustand. Danach empfiehlt es sich, die Batterie mit 200 mA weiterzuladen.*

Für die Erhaltungsladung einer intakten Batterie reicht in der Regel ein Strom von < 0,01 C. Dieser pegelt sich bei spannungskonstanter Ladung mit 2,3 V/Zelle von selbst ein. Bei verschlossenem Akku mit festgelegtem Elektrolyten liegen die Selbstentladungsverluste meist noch sehr deutlich darunter.

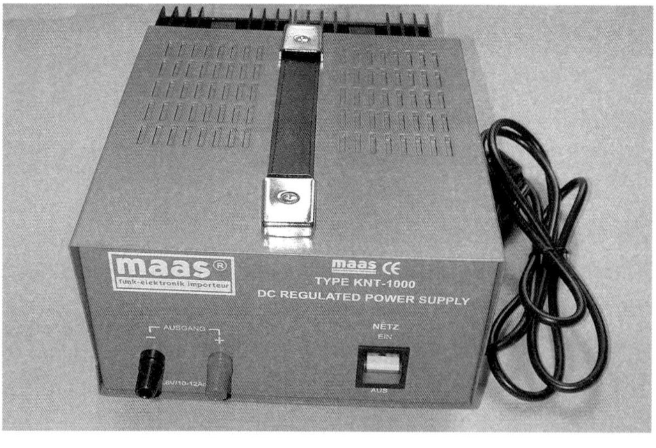

9.5-1
Spannungskonstantes Netzladegerät mit elektronisch geregelten 13,8 V Ausgangsspannung. Ein 12-V-Pb-Akku kann zeitlich unbegrenzt daran angeschlossen sein, ohne zu gasen oder überladen zu werden

Ladegeräte mit technisch einfachem Standard, wie sie in Autozubehörgeschäften und Baumärkten angeboten werden, verfügen (aus Kostengründen) weder über eine exakte Spannungsbegrenzung noch halten sie den Ladestrom konstant. Im Allgemeinen liefern derartige Transformator-Gleichrichter-Kombinationen zur Ladung von 12-V-Starterbatterien eine Ladespannung im Bereich von 14 bis 15 V. Der Innenwiderstand des Ladegeräts begrenzt den Anfangsladestrom meist auf recht „zahme" Werte (gewöhnlich unterhalb der aufgedruckten Ladestromangabe). Geladen wird also nach der sogenannten W-Kennlinie. Da derart kostengünstige Geräte auch Schwankungen der Netzspannung direkt an den Akku weiterreichen, eignen sie sich allenfalls für zeitbegrenzte Aufladungen, keineswegs für Dauerbetrieb.

Weicht die Umgebungstemperatur sehr weit von der Normaltemperatur ab, kann es nötig sein, die Ladespannung entsprechend Abb. 9.5-a zu korrigieren.

9.6 Lagerung und Pflege von Pb-Akkus

Bleibatterien der herkömmlichen (geschlossenen) Bauart erreichen den Kunden gewöhnlich „trocken vorgeladen". Das heißt, die Kammern der Elektroden sind zwar restlos mit Pb bzw. PbO_2 gefüllt, die Säure wird aber separat mitgeliefert und muss vor dem Einsatz eingefüllt werden. Dies ist die haltbarste Art der Lagerung von Pb-Akkumulatoren und bedarf keiner weiteren Aufmerksamkeit. Erst mal betriebsbereit, erfordert der Ruhestand von Pb-Batterien pflegerische Zuwendung. Dies gilt in ganz besonderem Maß für die zuvor genannte nicht verschlossene Spezies mit flüssigem Elektrolyten. Wenn Blei-Akkus in entladenem Zustand gelagert werden, droht die *Sulfatierung*.

Unter Sulfatierung versteht man die Bildung von Bleisulfat-Großkristallen ($PbSO_4$ entsteht beim Entladen auf beiden Elektroden). Ist dies erst mal passiert, ist diese Veränderung nahezu irreversibel (an Wundermitteln, diesen beklagenswerten Zustand zu kurieren, wird seit Langem auf verschiedenen Ebenen gearbeitet). Bei der Sulfatierung verlieren Akkus große Teile ihrer Leistungsfähigkeit (Kapazitätsschwund, Innenwiderstandserhöhung). Lagern Akkus in entladenem Zustand, also mit hinreichender $PbSO_4$-Konzentration in den Gitterplattenkammern, so kommt es über kurz oder lang zu dieser Kristallbildung. Man kann diesen Prozess nur unterlaufen, indem man die „leere" Batterie möglichst rasch wieder auflädt. Bei längerer Lagerung sollte man hierbei den Prozess der Selbstentladung nicht aus dem Auge verlieren. Letzterer wird durch hohe Lagertemperaturen beschleunigt.

Bei nicht verschlossenen Akkus empfiehlt es sich, gelegentlich den Säurestand der Zellen zu überprüfen. Er muss in jedem Fall die Bleiplatten voll bedecken. Oftmals verfügen Pb-Batterien heute über durchscheinende Gehäuse mit entsprechenden Marken für den Säurestand (min./max.). Bei zu niedrigem Säurestand infolge Gasung immer nur entmineralisiertes (destilliertes) Wasser nachfüllen!

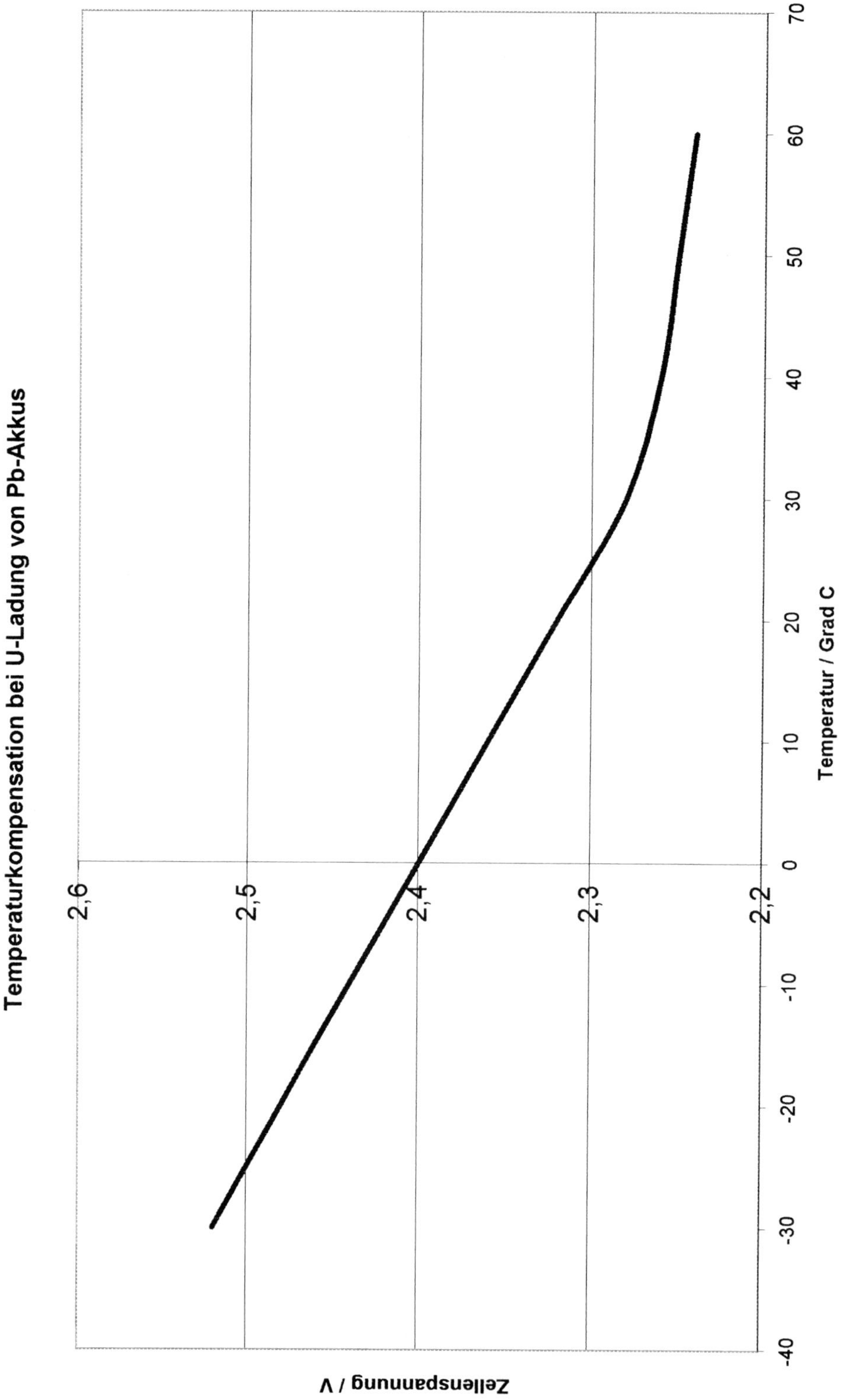
Temperaturkompensation bei U-Ladung von Pb-Akkus
Zellenspannung / V
2,6
2,5
2,4
2,3
2,2
Temperatur / Grad C
-40
-30
-20
-10
0
10
20
30
40
50
60
70

9.5-a

10 Der Lithium-(Li-)Akku

Der Lithium-Akku ist das jüngste Kind der Akkuentwicklung. Er verfügt über eine hohe Systemspannung (3,2 bis 3,7 V) und eine bislang bei wiederaufladbaren Stromquellen unerreicht hohe spezifische Energie von bis zu 180 Wh/kg. Dabei glänzt er mit sehr geringer Selbstentladung. Auch bekannte Unarten wie etwa der Memoryeffekt sind ihm fremd. Doch wie das bei „Stars" so üblich scheint, reagieren die Li-Akkus bei Behandlungsfehlern mitunter sehr empfindlich. Daher wurden sie ursprünglich nur in geschlossenen Systemen (siehe Abschnitt 2) auf den Markt gebracht, als leichte, aber durchhaltefähige Energiespeicher für Digitalkameras, Mobiltelefone und Notebooks.

Die Gründe für diese Empfindlichkeiten haben vorwiegend mit den chemischen Eigenschaften des Metalls Lithium zu tun. Es stellt nicht nur das leichteste aller Metalle dar (Dichte 0,54 g/cm^3), besetzt die linke (negative) Außenposition der elektrochemischen Spannungsreihe (entspr. Abschnitt 3), sondern es ist auch chemisch sehr reaktionsfreudig. So wird beispielsweise Wasser unter Bildung von brennbarem Wasserstoffgas und Lithiumhydroxid explosionsartig zersetzt. Die Herstellung von Li-Produkten darf daher nur in der geschützten Atmosphäre sogenannter Trockenräume erfolgen. Aus demselben Grund kann natürlich kein wässriger Elektrolyt zum Einsatz kommen. Man weicht daher auf organische Elektrolyte aus.

Gleichwohl haben Li-Akkus auch im Modellsport inzwischen ihre Praxisreife bewiesen. Nicht zuletzt ihre sich rasch entwickelnde Leistungsfähigkeit (Strombelastbarkeit) machte sie ab etwa 2003 für die Modelltechnik zunehmend interessant. Zeitgleich entwickelte sich eine vollständig neue Ladetechnik, mit der die erhöhten Ansprüche an Bediensicherheit für nahezu jedermann beherrschbar wurden. Insgesamt löste die Lithium-Technik darüber hinaus einen weitergehenden Innovationsschub aus, und zwar nicht allein deshalb, weil durch sie der elektrischen Antriebstechnik neue Einsatzfelder eröffnet wurden. Es musste, um die spezifischen Vorzüge der neuen Akkutechnik in vollem Umfang nutzen zu können, eine veränderte technische Peripherie geschaffen werden. So entwickelten die Techniker beispielsweise Drehzahlsteller und Zusatzgeräte, die wirksam verhindern, dass es zu schädlichen Tiefentladungen kommen kann.

10.1 Aufbau und Funktionsweise von Li-Akkus

Der Lithium-Akku kann uns in zylindrischer Gehäuseform begegnen. Der innere Aufbau ist dabei dem der NiCd- bzw. NiMH-Zellen nicht unähnlich. Typisch auch hier der 3-lagige Wickel, bestehend aus jeweils einer positiven und negativen Elektrode mit dazwischen liegendem Separator.

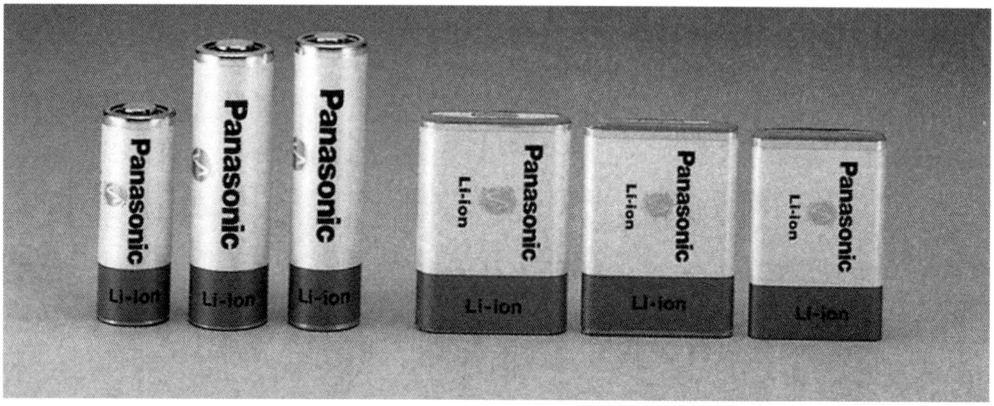

10.1-1 LiIonen-Zellen von Panasonic. Die prismatische Gehäuseform bringt eine bessere Raumausnutzung

Etwas später etablierten sich neben prismatischen Zellen mit festem Gehäuse auch sogenannte Softpacks mit Foliengehäuse. Bei Letzteren besteht die Verpackung lediglich aus einer beidseitig mit Kunststoff überzogenen Alufolie, die an ihren Rändern verschweißt ist. Solche Gehäuse sind zwar mechanisch nicht sonderlich widerstandsfähig, dafür aber extrem leicht, womit die Energiedichte dieser Akkuspezies noch weiter wachsen konnte. Ein so gearteter Einschluss setzt voraus, dass die Inhaltsstoffe weder flüssig (Auslaufgefahr bei Leckage) noch toxisch sein dürfen.

Man verzichtet bei wiederaufladbaren Lithium-Zellen bis heute darauf, das Metall Lithium direkt als Elektrodenmaterial einzusetzen, obwohl dies theoretisch eine sehr hohe Energieausbeute ergeben würde. In der Praxis zählen jedoch erst mal andere Faktoren wie Betriebssicherheit und Lebensdauer. Es handelt sich daher bei dem beschriebenen Zellentyp immer um Varianten des ***Lithium-Ionen-Akkus*** (siehe Abschnitt 10.2), bei dem, wie der Name schon sagt, nur freie, positiv geladene Lithium-Ionen vorkommen. Die neutralen Lithiumatome hingegen werden in die Kristall- bzw. Gitterstruktur der Elektroden eingelagert („versteckt"). Diese Lithium-Ionen (Li^+) besorgen den Ladungstransport im Inneren der Zelle. Als Transportmedium für die Li-Ionen werden wasserfreie Elektrolyte benötigt. Im Grundsatz bestehen diese aus organischen Lösungsmitteln, in denen Lithium-Leitsalze gelöst sind.

Der Lade- bzw. Entladevorgang verläuft dabei grundsätzlich anders als bei allen bisher vorgestellten Akkus. Es sind im Gegensatz zu dort auch nicht im eigentlichen Sinn chemische Reaktionen, die zwischen dem aktiven Elektrodenmaterial und dem Elektrolyten stattfinden, wie dies etwa bei dem sich elektrisch recht ähnlich verhaltenden Blei-Säure-Akku der Fall ist. Die Elektrodenreaktionen basieren vielmehr allein auf dem Ein- und Auslagern von Lithium, das durch Elektronenabgabe zu Li-Ionen wird und durch Elektronen-Wiederaufnahme sich wieder in Li-Atome zurückverwandelt. Dabei kommt es seitens der Wirtsmaterialien zu einem gewissen „Atmen", was mit kleinen Volumenänderungen verbunden ist.

10.2 Lithium-Akku-Varianten

In der Modelltechnik wie auch im Freizeitbereich spielen derzeit drei Akkuvarianten eine Rolle, die letztlich alle auf dem hier beschriebenen Lithium-Ionen-Prinzip fußen. Durch Variation von Elektrolyt und Kathodenmaterial ergeben sich unterschiedliche Zelleneigenschaften. Als Anode (Minuselektrode) fungiert heute anstelle metallischen Lithiums durchweg Graphit (C_6), eine besondere Form des Kohlenstoffs, der eine schichtförmige, sechseckige Kristallstruktur ausbildet (daher auch die Verwendung als Bleistift). Zwischen diesen zweidimensional ausgebildeten Graphitschichten lassen sich Lithium-Ionen einlagern (intercalieren).

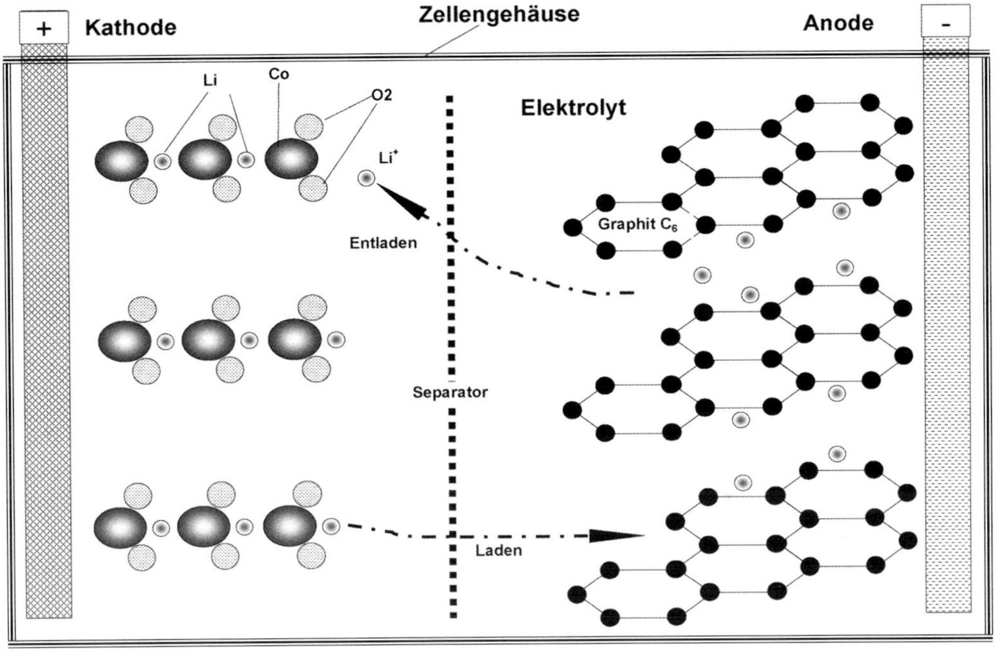

10.2-a

10.2.1 Der (klassische) Lithium-Ionen-Akku (LiIon-Akku)

Die klassische Form des LiIon-Akkus basiert kathodenseitig (Pluselektrode) auf sogenannten Mischoxiden. Es handelt sich dabei heute vorwiegend um Verbindungen zwischen Lithium, Cobalt und Sauerstoff, wie z. B. $LiCoO_2$. Dieses Elektrodenmaterial gilt heute als Standard. Zuweilen wird Cobalt durch Nickel substituiert. Als sicherer (temperaturfester) gelten adäquate Manganverbindungen, wie z. B. $LiMn_2O_4$. Anodenseitig kommt jeweils Graphit (C_6) zum Einsatz.

Auf Abstand gehalten werden beide Elektroden durch einen ionendurchlässigen Separator – Polyetylen (PE) oder Polypropylen (PP) – der auch Teile des Elektrolyten aufnimmt. Letzterer ist flüssig, besteht klassischerweise aus einem organischen

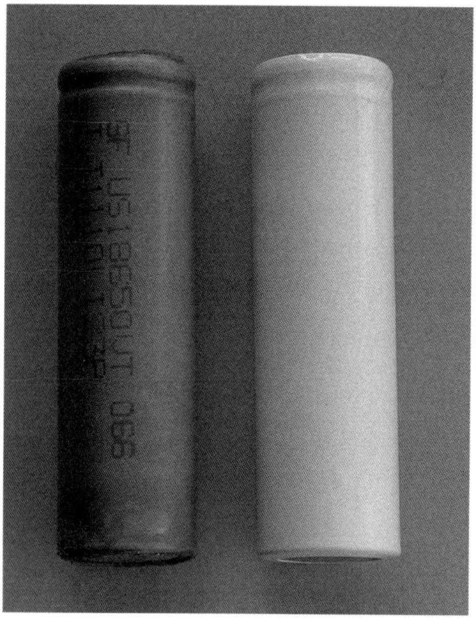

10.2.1-1 Lithium-Ionen-Rundzellen von Sony

Lösungsmittel, in dem (zum Zweck des Ionentransports) ein Leitsalz wie z. B. Lithium-Phosphor-Hexafluorid ($LiPF_6$) aufgelöst ist.

Wegen des flüssigen Elektrolyten bedarf es bei diesem Akkutyp eines hermetisch schließenden Gehäuses. Ansonsten ist der innere Aufbau einer LiIon-Zelle dem der Ni-Zellen nicht ganz unähnlich: Zwei folienförmige Elektroden, getrennt durch den Separator, sind spiralförmig aufgewickelt und in einem gewöhnlich zylindrischen Rundgehäuse untergebracht. Der Gehäusebecher bildet, wie gewohnt, den Minuspol der Zelle, der Gehäusedeckel den Plusanschluss. Beide sind mit den entsprechenden Elektrodenfolien möglichst gut leitend verbunden. Zur Sicherheit ist üblicherweise unterhalb des Gehäusedeckels ein Sicherheitsventil platziert, das bei Überschreitung des zulässigen Innendrucks bzw. der Arbeitstemperatur den Stromkreis unterbricht, damit die Zelle im Fall krasser Fehlbehandlung (z. B. Kurzschluss) nicht explodieren kann.

Bei Lithium-Ionen-Zellen sucht man vergeblich die üblichen Zellengrößen aus dem Konsumerbereich, wie etwa AAA, AA oder C. Zu groß wäre die Verwechslungsgefahr und die ca. dreimal so hohe Zellenspannung könnte in den für Einwegbatterien oder Ni-Akkus konzipierten Batteriefächern einiges anrichten. Stattdessen sind die LiIon-Zellen nach ihren äußeren Abmessungen klassifiziert. Eine 18650-Zelle (gängige Größe) hat 18 mm ∅ und 65,0 mm Länge. (Siehe auch 5.1) Zwar existiert nach ICE 91960 auch ein Buchstabencode, der u. a. über die Zusammensetzung der Elektroden Auskunft gibt, doch wird dieser nicht einheitlich verwendet.

Ursprünglich wurde die Nennspannung von LiIon-Zellen mit 3,6 V und die Ladespannung mit 4,1 V beziffert. Diese heute nicht mehr verbindliche Festlegung lebt noch in der Ladetechnik fort, wo LiIon-Ladeprogramme gewöhnlich bis 4,1 V/Zelle aufladen. Ungeachtet dessen weisen sich LiIon-Zellen heute meist mit 3,7 V Nennspannung aus und sind für eine Ladespannung bis 4,2 V ausgelegt.

Die hier beschriebenen Zellen finden sich durchweg in den Batteriefächern von tragbaren Computern, aber auch in kleineren Elektrowerkzeugen im Hobbysektor, bei Gartengeräten, als Licht- und Antriebsquelle für Sporttaucher bis hin zu kleinen Fahrzeugen wie etwa Golf-Caddys. Ihr vergleichsweise noch hoher Preis gegenüber herkömmlichen Ni-Akkus wird in diesen Anwendungsbereichen durch die ständige Verfügbarkeit (geringe Selbstentladung) und die Leichtigkeit aufgewogen.

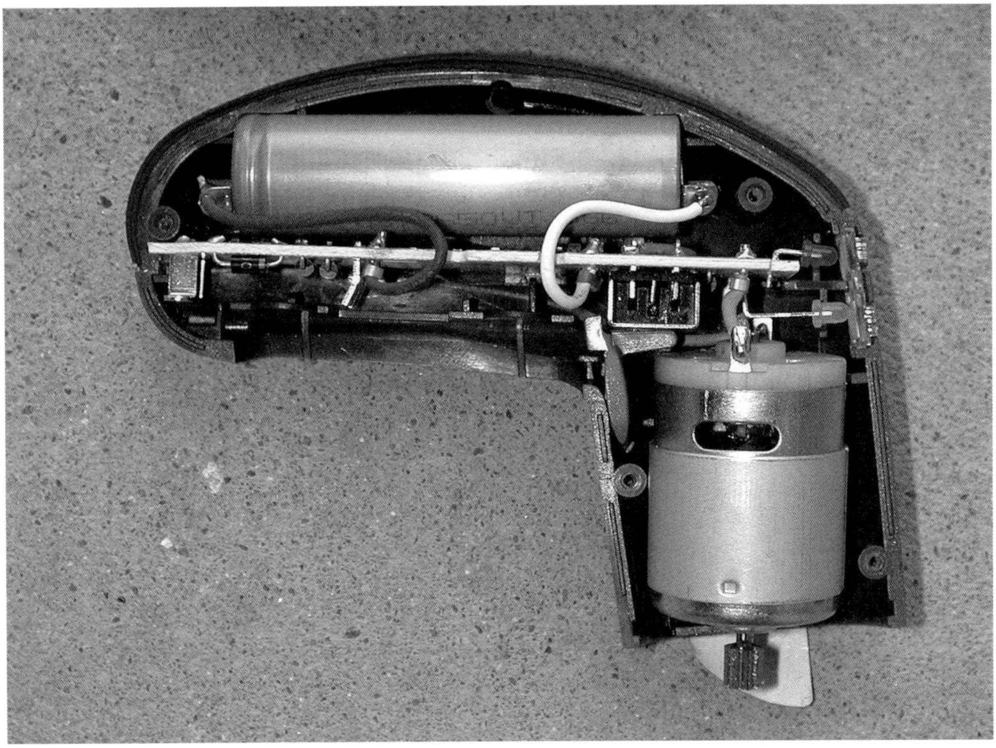

10.2.1-2 Sony Hochstrom Lithium-Ionen-Rundzelle speist einen Mini-Akkuschrauber

Ähnliche Gründe hat die Wertschätzung bei Modellbauern. In der Flugmodelltechnik indes war diesem Zellentyp ein eher kurzes Intermezzo in Form sogenannter Konion-Akkus (Hersteller Sony) beschieden. Er wurde dort bald von einer neuen, noch leistungsfähigeren Variante des Litium-Ionen-Akkus verdrängt.

10.2.2 Lithium-Polymer-Akku (LiPo-Akku)

Schon zu Anfang der Lithiumära versuchte man es mit Zellen, die statt des flüssigen Elektrolyten eine feste Polymerfolie besaßen. Solche Folien sind ionenleitend, wirken gleichzeitig auch als Separator. Da diese Folien weder wegfließen können noch giftig sind, war es nunmehr möglich, auf ein festes Gehäuse zu verzichten. Damit war der Einsatz von Folienverpackungen (sogenannte Softpacks, siehe auch 10.1) möglich. In diesen leichten Verpackungen nahmen die Träume von phantastisch hohen Energiedichtewerten Gestalt an.

Allerdings ist die Leitfähigkeit der Polymerfolien bei Normaltemperatur sehr gering. Polymerbatterien konnten deshalb ursprünglich nur dort eingesetzt werden, wo die Ladungsabgabe mit sehr kleinen Entladeströmen über einen längeren Zeitraum erfolgte (z. B. in Herzschrittmachern). Eine gewisse Verbesserung erbrachten Versuche, die Foliendicke weiter zu reduzieren.

Der wirkliche Durchbruch bezüglich Hochstromeignung gelang aber erst, als die Entwickler darangingen, die Polymerfolie durch Mikroperforation und Einbringung von Leitzusätzen in diese Poren „aufzupeppeln" bzw. die Polymerfolien gänzlich durch folienartig ausgewalzte Elektrolytpasten zu ersetzen. Letztere weisen in ihrer Zusammensetzung starke Ähnlichkeit mit dem LiIon-Elektrolyten (10.2.1) auf, sind also weit besser ionenleitend als reine Polymerfolien. Da diese Elektrolyte nun jedoch festgelegt (demobilisiert) und offenbar ungiftig sind, konnte man das leichte Foliengehäuse der Li-Polymerzellen beibehalten. Damit war eine extrem leichte und dennoch leistungsfähige wiederaufladbare Stromquelle geboren, welche die Modelltechnik umwälzen sollte. Die so entstandenen „Flatpacks" werden auch weiterhin unter der Kurzbezeichnung LiPo gehandelt, obwohl sie streng genommen eher als „zeltbewohnende" LiIon-Akkus einzuordnen wären. Auch findet sich die Bezeichnung Lithium-Ionen-Polymer-Zelle. Die Nennspannung beträgt hier 3,7 V (neuerdings werden auch schon Zellen mit 3,8 V ausgewiesen). Geladen wird bis 4,2 V.

Mit einer typischen Energiedichte von 120 bis 180 Wh/kg, die selbst bei hohen Entladeraten (kurzzeitig bis 30 C) zur Verfügung steht, ist der LiPo der ungekrönte König unter den wiederaufladbaren Stromquellen. Als Problem ist fraglos die geringe mechanische Resistenz der „Suppentütenverpackung" zu nennen. So kann eine mechanische Beschädigung (z. B. ein Durchstich) leicht zu einem Kurzschluss

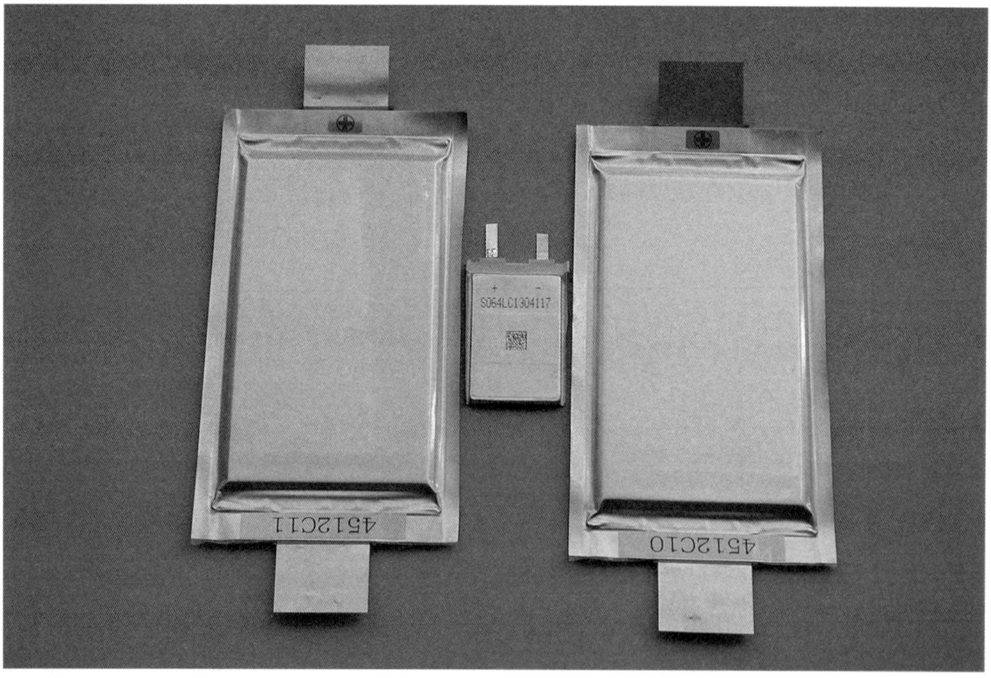

10.2.2-1 *LiPos können bedarfsgerecht zugeschnitten werden. Für Hochstromeinsätze sind breite Ableiterstreifen von Vorteil*

der Elektroden führen, wobei dann die gesamte gespeicherte Energie an dieser Stelle kurzschlussartig frei wird. Gleichwohl sind den Entwicklern bei der thermischen Stabilität schon beachtliche Fortschritte in Richtung (Eigen-)Sicherheit gelungen.

Auch der mechanische Aufbau dieser „Flatpacks" ist denkbar einfach. So können die Elektroden-Trägerfolien auch gleichzeitig als Anschlussfahnen dienen, die entweder einseitig oder aber gegenüberliegend – gasdicht verschweißt – herausgeführt sind. Aus Korrosionsgründen können Kupferfolien, die bekanntlich eine sehr gute Leitfähigkeit aufweisen, jedoch nur minusseitig verwendet werden. Plusseitig greift man zu Aluminium (mit um 50% erhöhter Materialstärke), dessen Hauptnachteil darin besteht, nicht lötbar zu sein. Die Anschlusslaschen sind daher gewöhnlich außen mit Nickelbändern verschweißt.

10.2.3 Lithium-Eisen-Phosphat-Akku ($LiFePO_4$- oder kurz LiFe-Akku)

Im Bemühen, einen Lithium-Ionen-Akku mit noch weiter verbesserter Alltagstauglichkeit zu entwickeln (weitgehend fehlbehandlungsresistent, noch höher belastbar, schnellladefähig), werden immer neue Materialkombinationen erprobt.

Während der Graphit-Minuspol (Anode) offenbar schon einen hohen Entwicklungsstand widerspiegelt, scheint bei den Kathodenmaterialien das Ende der Fahnenstange noch nicht in Sicht. Ein interessanter „Kandidat" besteht aus der einlagerungsfähigen Phosphor-Eisenverbindung $LiFePO_4$, (Eisen, wie Mangan, Kobalt und Nickel, ist ein weiteres Element aus der 4. Periode). Das Elektrodenmaterial gilt thermisch als äußerst stabil und kann schon bei relativ niedriger Spannung genügend viele Lithium-Ionen aufnehmen, um eine hinreichend große Systemkapazität zu ermöglichen. Bislang ist die Zelle nur als Rundzelle der Größe 26650 (26 mm Durchm./65 mm Höhe, daher die Bezeichnung ANR26650M1) im Handel. Bei 2,3 Ah Nennkapazität wiegt so eine Zelle nur 70 Gramm, was vor allem ihrem leichten, jedoch gut wärmeableitenden Alugehäuse zuzuschreiben ist.

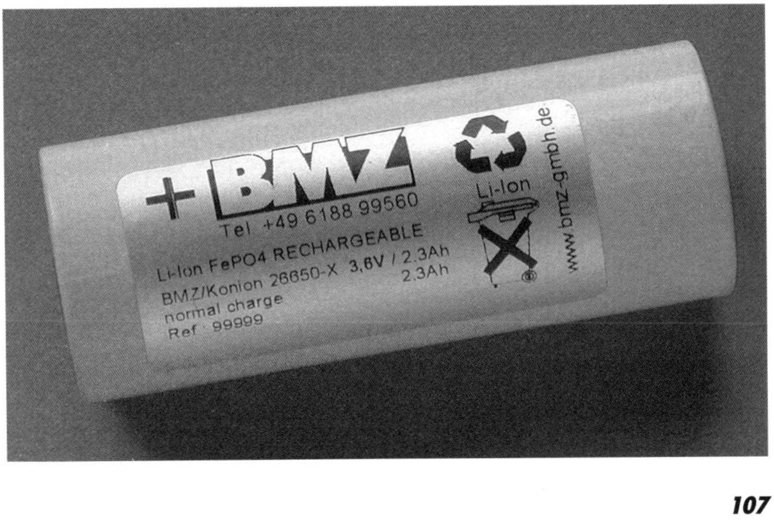

10.2.3-1
Die LiFePO4-Zelle von A123 Systems (im BMZ-Vertrieb) gilt als äußerst robust

Allerdings treten die $LiFePO_4$-Zellen mit einer etwas kleineren Systemspannung an. Die Nennspannung wird mit 3,2 (3,3) V angegeben, die Ladespannung liegt bei 3,6 (3,65) V. Dies erfordert Ladegeräte mit einem speziell darauf abgestimmten Ladeprogramm. Da jedoch auch geringfügig höhere Ladespannungen durchaus verkraftet werden können, ist die Zelle beim Laden weniger empfindlich als das bei Li-Akkus sonst der Fall ist. Es ist somit auch eine hohe Standzeit zu erwarten. Nachteilig ist die etwas schlechtere Elektronen- wie auch Ionenleitung des Kathodenmaterials, eine Eigenschaft, die allerdings durch verschiedene Zusätze verbessert werden konnte.

In der Modelltechnik fristet die $LiFePO_4$-Technologie nicht zuletzt aufgrund dessen, dass bislang nur diese eine Zellengröße zur Verfügung steht, noch ein Nischendasein. Erste Wahl ist sie im Bereich der Höchstleistungsanwendungen (kurzzeitig bis 50 C). Bemerkenswert und einmalig ist indes die faktische Schnellladefähigkeit mit bis zu 4 C. Sie ermöglicht es in vielen Fällen, ganz ohne Akkuwechsel auszukommen.

Der Technologie werden gute Chancen eingeräumt, auf dem heiß umkämpften Markt der professionellen Powertools den NiCd-Akku in Bezug auf die gewünschte Robustheit bei mindestens doppelter Energiedichte (bis zu 100 Wh/kg) zu verdrängen. Auch im Hinblick auf die nächste Generation von Hybridautos zählt das „Eisenphosphat" zu den Hoffnungsträgern.

10.3 Zellenreaktionen

Obwohl wir es in der Modelltechnik, wie vorausgehend dargestellt, mit durchaus unterschiedlichen Vatianten des Lithium-Ionen-Akkus zu tun haben können, verlaufen die Zellenreaktionen stets nach einem vergleichbaren Muster ab, sodass es für ein Grundverständnis genügen kann, sie am Beispiel einer Zelle mit $LiCoO_2$-Kathode darzustellen:

10.3.1 Laden

Positive Elektrode: $Li_yCoO_2 + xLi^+ + xe^- \longrightarrow Li_{y-x}CoO_2$

Das Ladegerät zieht am Pluspol x Elektronen ab (entspricht einer Plusladung). Dadurch „degenerieren" x Li^+-Atome zu Li-Ionen, positiv geladenen Teilchen also, welche somit von der Minuselektrode angezogen werden und demzufolge via Elektrolyt in diese Richtung abwandern. Die Anzahl der plusseitigen Li-Atome (ursprünglich y) vermindert sich dabei entsprechend (um x).

Negative Elektrode: $Li_zC_6 + xLi^+ + xe^- \longrightarrow Li_{z+x}C_6$

Das Ladegerät führt am Minuspol x Elektronen zu. Diese negative Ladung zieht x Li^+-Ionen aus dem Elektrolyt an und lagert sie ein. Dort werden sie durch Rückgabe der x „verlorenen" Elektronen wieder zu eingelagerten Atomen, deren Zahl sich um x erhöht.

10.3.2 Entladen

Positive Elektrode: $Li_{y-x}CoO_2 + xLi^+ + xe^- \longrightarrow Li_yCoO_2$

Über den äußeren Verbraucherstromkreis werden x Elektronen zurückgeführt. Diese negativen Ladungsträger holen nun ihrerseits x Li^+-Ionen zurück. Die Elektrode nimmt wieder den früheren Einlagerungszustand an.

Negative Elektrode: $Li_{z+x}C_6 + xLi^+ + xe^- \longrightarrow Li_zC_6$

Über den äußeren Verbraucherstromkreis können x Elektronen abfließen. Damit werden auch die zuvor eingelagerten x Li^+-Ionen nicht mehr gebunden und wandern über den Elektrolyten zurück. Der ursprüngliche Zustand wird wiederhergestellt.

10.4 Entladeverhalten und Innenwiderstand

Li-Akkus haben gewöhnlich eine extrem flach verlaufende Entladekennlinie. Ihre Ruhespannung hängt eigentlich nur vom Ladungszustand ab. Temperatureinflüsse sind bezüglich U_0 vernachlässigbar.

Ganz anders liegt der Fall beim Innenwiderstand, der bei Li-Akkus stark von der Temperatur geprägt wird. R_i sinkt mit steigender Temperatur. Dies kann bei hoher Belastung bisweilen zu einem Entladeverlauf führen, der – ähnlich dem Blei-Akku – im Anfangsbereich einen „Spannungssack" aufweist. Die Spannung bricht also zuerst mal ein, um dann, wenn der Akku sich „warmgearbeitet" hat, wieder anzusteigen. Oftmals kompensieren sich beide Effekte, der Spannungsrückgang durch Entladung und der Spannungsanstieg durch abnehmenden Innenwiderstand, sodass die Entladespannung über weite Strecken der Entladung nahezu konstant bleibt. Diese Charakteristik entspricht in den allermeisten Fällen den Wünschen der Nutzer, hat man es damit doch mit einer Energiequelle zu tun, die eine vom Ladezustand weitgehend unabhängige Leistung abzugeben in der Lage ist. Dass mit dieser Tugend allerdings auch einige Gefahren mit einhergehen, sei in den nachfolgenden Kapiteln näher erläutert.

Entlädt man einen hochbelastbaren LiPo mit ca. 10 C, so verläuft die Zellenspannung während mehr als 90% der Entladung etwa zwischen 3,7 und 3,3 V. Die kurze Anfangsspitze (beginnend bei max. 4,2 V) flacht rasch ab. Dann stellt sich ein je nach Temperatureffekt mehr oder weniger ausgeprägtes Spannungsplateau ein. Unterhalb 3,3 V geht es rapide abwärts. Die Entladung kann hier bereits ohne eklatante Leistungseinbuße beendet werden. Spätestens bei 2,5 V muss (!!!) der

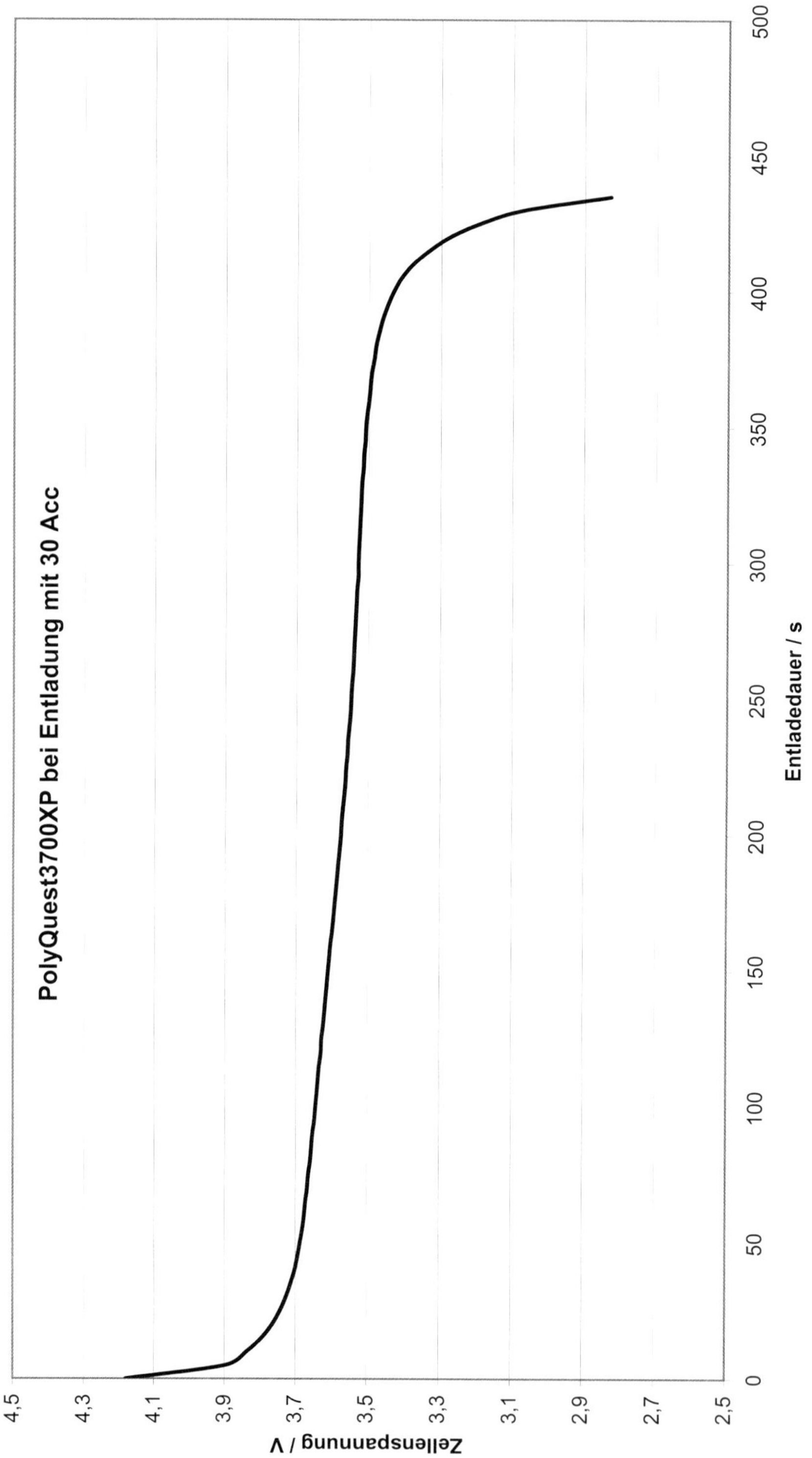
PolyQuest3700XP bei Entladung mit 30 Acc
Zellenspannung / V
4,5
4,3
4,1
3,9
3,7
3,5
3,3
3,1
2,9
2,7
2,5
Entladedauer / s
0
50
100
150
200
250
300
350
400
450
500

10.4-a

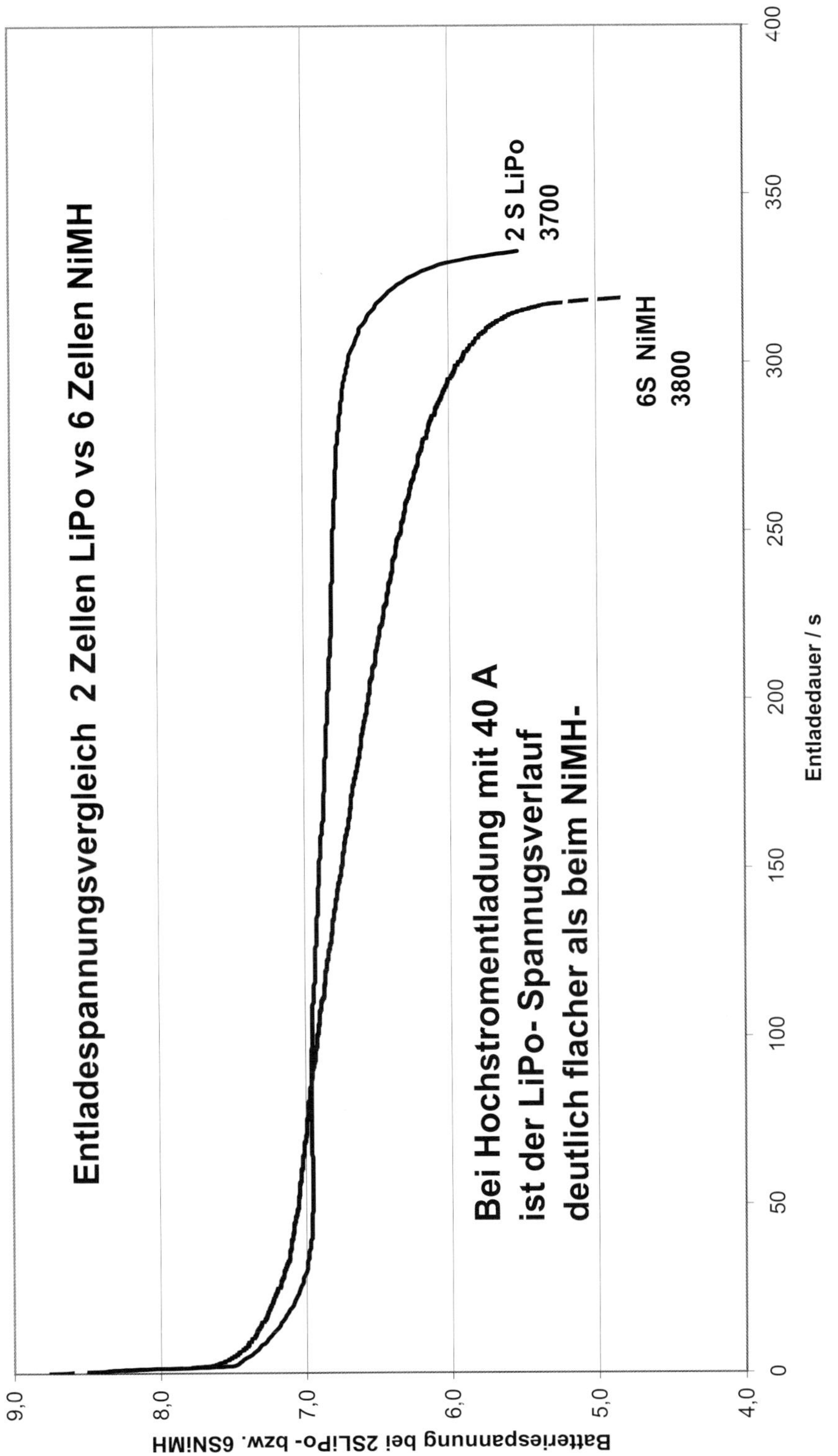
Entladespannungsvergleich 2 Zellen LiPo vs 6 Zellen NiMH
Bei Hochstromentladung mit 40 A
ist der LiPo- Spannugsverlauf
deutlich flacher als beim NiMH-
2 S LiPo
3700
6S NiMH
3800
Batteriespannung bei 2SLiPo- bzw. 6SNiMH
9,0
8,0
7,0
6,0
5,0
4,0
Entladedauer / s
0
50
100
150
200
250
300
350
400

10.4-b

Verbraucher abgeschaltet sein. Ansonsten droht eine schädliche Tiefentladung mit irreversibler Auflösung der Stromableiter, speziell der Minuselektrode. Diese äußert sich primär in einem stark ansteigenden R_i, sodass mittelbar auch die nutzbare Kapazität abnimmt.

10.4.1 Belastbarkeit und Temperaturverhalten

Die Belastbarkeit eines Li-Akkus hängt von seinem Innenwiderstand ab und wird üblicherweise mit Hilfe der C-Rate gekennzeichnet. Für leistungsorientierte Anwendungen besonders interessant sind natürlich Angaben über die maximal zulässige Dauerbelastung der Zellen. Dabei ist leider zu konstatieren, dass die hierzu gemachten Herstellerangaben ein wenig in den Strudel eines zuweilen harten Konkurrenzkampfs geraten sind.

Definitionsgemäß liegt Grenzdauerlast dann an, wenn die mittlere Entladespannung noch über 3,2 V/Zelle bleibt und die Minimalspannung nicht unter 3,0 V/ Zelle absinkt. (Für LiFe-Akkus gelten die Grenzwerte 2,5 bzw. 2,3 V.) Leider wird dabei oftmals eine weitere, sehr bedeutsame Einschränkung übersehen: Die Zellentemperatur darf während der gesamten Entladung 70 °C nicht überschreiten (da der Temperatursensor gewöhnlich an der Zellenoberfläche angebracht wird, ist zu empfehlen, die Grenztemperatur bei 65 °C festzulegen!). Grundsätzlich hat die Temperaturmessung unter Worst-case-Bedingungen zu erfolgen, bei Batterien also gewöhnlich an der mittleren Zelle des Packs. So betrachtet zeigt sich dann zumeist, dass der angegebene Dauerlaststrom lediglich während eines Teilentladezyklus anliegen darf. Wird ein zuvor vollgeladener Li-Akku hingegen in „einem Rutsch" mit der Rate entladen, die der Angabe des maximal zulässigen Dauerstroms entspricht,

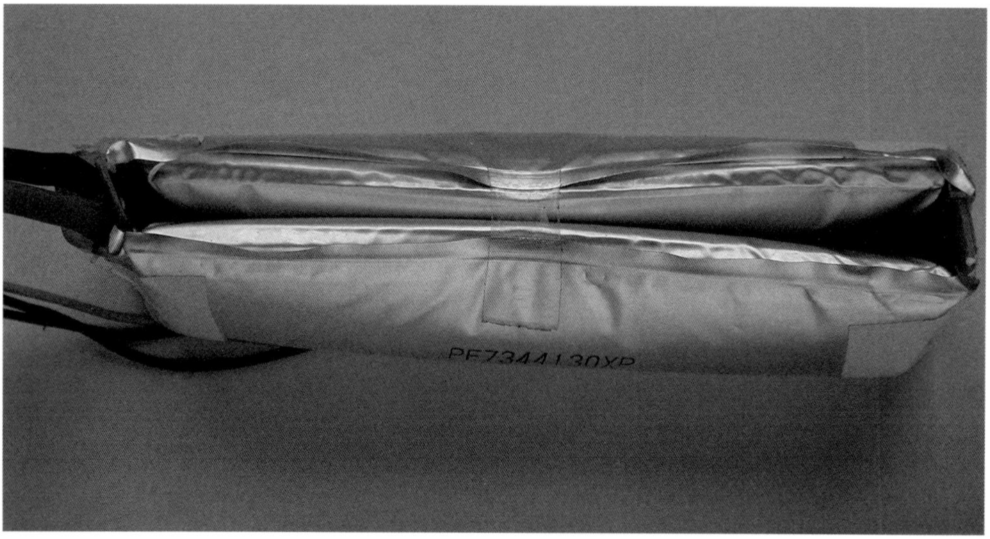

10.4.1-1 Da ist offenbar schon etwas falsch gelaufen

so erreicht die Zellentemperatur am Entladeende oftmals unzulässig hohe Werte. Sie ziehen Oxydationsprozesse und im ungünstigsten Fall Gasungsvorgänge nach sich; bei LiPos u. a. daran erkennbar, dass die Softpacks sich aufblähen. Sie werden dadurch zu einem Entsorgungsfall!

Differenziert zu betrachten ist auch das Entladeverhalten von Li-Akkus bei tiefen Temperaturen. Grundsätzlich erstreckt sich der Temperaturbereich von Lithium-Akkus über den weiten Bereich von –20 °C bis +60 °C. Der Akkutyp ist somit bei allen in gemäßigten Breiten vorkommenden Außentemperaturen einsetzbar. Allerdings macht sich bei Tieftemperaturen dann rasch die ausgeprägte Temperaturabhängigkeit des Innenwiderstands sehr negativ bemerkbar. Es kommt zu einem anfänglich starken Absinken der Entladespannung. Diese Erscheinung ist zwar mit einem gewissen „Selbstheilungseffekt" verbunden, weil die durch den erhöhten R_i verursachte starke Eigenerwärmung sehr bald für einen Temperaturanstieg sorgt. Dennoch ist einige Vorsicht geboten, wenn Li-Akkus bei Temperaturen unter 15 °C mit hohen Entladeströmen beaufschlagt werden. Zum einen kann die Anfangsspannung unter den Grenzwert sinken, sodass die Unterspannungsdetektoren angeschlossener Geräte vorzeitig reagieren. Gravierender ist aber noch, dass hohe Entladeströme in Kombination mit einem stark gewachsenen Innenwiderstand partielle „Wärmenester" (sogenannte Hot Spots) hervorbringen können, die schädliche Auswirkungen auf die Zellenchemie nach sich ziehen. Es ist daher nicht ganz abwegig, hoch belastete Li-Zellen bei tiefen Umgebungstemperaturen vorzuheizen.

Auch bei der Zellenkapazität besteht eine Temperaturabhängigkeit. Die beste Kapazitätsnutzung ergibt sich bei 20 bis 40 °C. Darunter wie darüber wird weniger Kapazität gespeichert. Ergo sollten nach einer Hochstromentladung (mit starker Wärmeentwicklung) vor einer erneuten Wiederaufladen ***alle*** Zellen einer Li-Batterie entsprechend abgekühlt sein.

10.5 Lithium-Ladetechnik

Die ladetechnischen Anforderungen betreffend unterscheiden sich Li-Akkus ganz eklatant von Stromspeichern auf Ni-Basis, weshalb sie auf gar keinen Fall an entsprechende Ladegeräte angeschlossen werden dürfen. Gewisse Parallelen bestehen hingegen zu der Pb-Ladetechnik. Wie der gute alte „Bleisammler" werden auch Lithium-Akkus nach der IU-Kennlinie (Abschnitt 5.) aufgeladen. Dabei unterliegen sie im Gegensatz zu Pb-Akkus allerdings weit strengeren Spannungsvorgaben.

Entsprechend der jeweiligen Herstellervorschrift muss der Ladestrom zu Beginn auf einen bestimmten Wert begrenzt werden. Klassischerweise beziffert sich dieses Ladestromlimit mit 1 C. Bei neu entwickelten Hochstromzellen erlaubt das Datenblatt jedoch auch schon höhere Laderaten (bis 4 C). Während der stromkonstanten Ladephase steigt die Zellenspannung dann bis nahezu 4,2 V an. Hier erfolgt der flie-

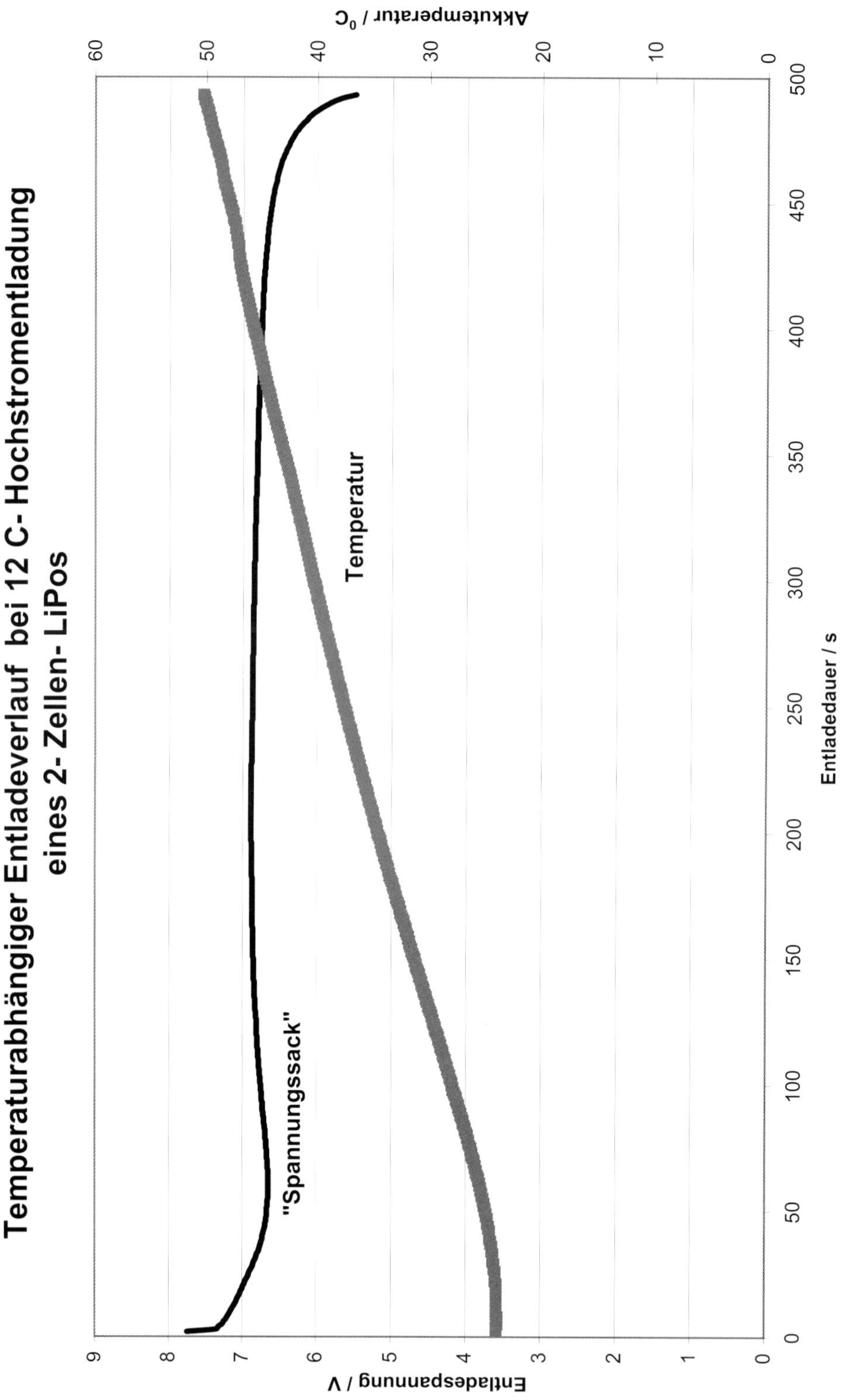
Temperaturabhängiger Entladeverlauf bei 12 C- Hochstromentladung eines 2- Zellen- LiPos
"Spannungssack"
Temperatur
Entladespannung / V
Akkutemperatur / °C
Entladedauer / s

10.4.1-a

ßende Übergang von Strom- auf Spannungsbegrenzung. Dazu ist keine Umschaltung des Ladegeräts erforderlich, denn mit steigender Ladung wird die Differenz zwischen der Spannung des Ladegeräts (Zellenzahl × 4,2 V) und der Batteriespannung immer geringer, sodass der Strom schließlich nicht mehr von der Ladeelektronik, sondern vom Restwiderstand des Ladestromkreises (Innenwiderstand des Akkus + gesamter Leitungswiderstand) diktiert wird. In dieser zweiten Phase der Ladung fällt der Ladestrom daher kontinuierlich ab und strebt exponentiell gegen null. Sein jeweiliger Momentanwert $I_{lad(t)}$ errechnet sich dann aus:

$$I_{lad(t)} = \frac{\text{Zellenzahl} \times 4{,}2\text{V} - \text{Akkuspannung}_{(t)}}{\text{Zellenzahl} \times R_i + \text{Leitungswiderstand}}$$

wobei R_i für den Mittelwert des Innenwiderstands aller Batteriezellen steht.

Da der Ladestrom in der Schlussphase asymptotisch gegen null läuft, erreicht die Ladung eines Li-Akkus auf diese Weise theoretisch niemals den 100%-Wert. Die Ladegeräte signalisieren daher üblicherweise schon „voll", wenn der Ladestrom auf 10 bis 5% des Anfangswerts oder aber auf einen festgelegten absoluten Mindestwert (z. B. 100 mA) abgesunken ist. Man darf im ersteren Fall davon ausgehen, dass dann über 99% der Kapazität eingeladen sind.

Wird schon zum Ende der Konstantstromphase abgeschaltet, liegt der Grad der Volladung bei 80 bis 90%. Der genaue Füllgrad ist vom eingestellten Ladestrom wie auch vom elektrischen Widerstand des Gesamtstromkreises abhängig. Da der Akku-Innenwiderstand mit zunehmender Zyklenzahl und Nutzungsdauer des Stromspeichers anwächst, verschiebt sich der Übergang von Konstantstromphase I (mit steigender Ladespannung) zu der Konstantspannungsphase II (mit fallendem Ladestrom) immer weiter nach vorne. Damit steigt effektiv auch die zur Vollladung nötige Ladedauer. Sie stellt somit eine Art Gradmesser für die Alterung eines Lithium-Akkus dar.

Hält man sich an das 1-C_{max}-Ladestrom-Gebot, so dauert das Aufladen eines zuvor vollständig leeren Li-Akkus immer länger als eine Stunde. Li-Akkus sind demzufolge definitionsgemäß nicht schnellladefähig. Wegen der durch das Ladegerät nicht steuerbaren Ladephase II wird auch durch ein Verdoppeln des Anfangsstroms die Ladedauer nicht etwa halbiert.

In einem wichtigen Punkt unterscheiden sich Lithium-Akkus grundlegend von Stromspeichern auf Ni- und Pb-Basis: Es existiert bisher (obgleich mit Nachdruck daran gearbeitet wird) innerhalb der Zelle noch ***kein Überladeschutz.*** Dieser muss daher äußerlich durch die Ladetechnik gewährleistet sein. Die „Lithium-Chemie" ist nur in einem relativ schmalen Spannungsfenster stabil, dessen unterer Rahmen bei einer Entladetiefe von ca. 2,3 liegt. Lange wurde der obere Grenzwert der Ladespannung mit 4,1 V beziffert. Aus dieser Zeit datiert die Nennspannungsangabe von 3,6 V/Zelle. Später wagte man sich, bestärkt auch durch Fortschritte bei

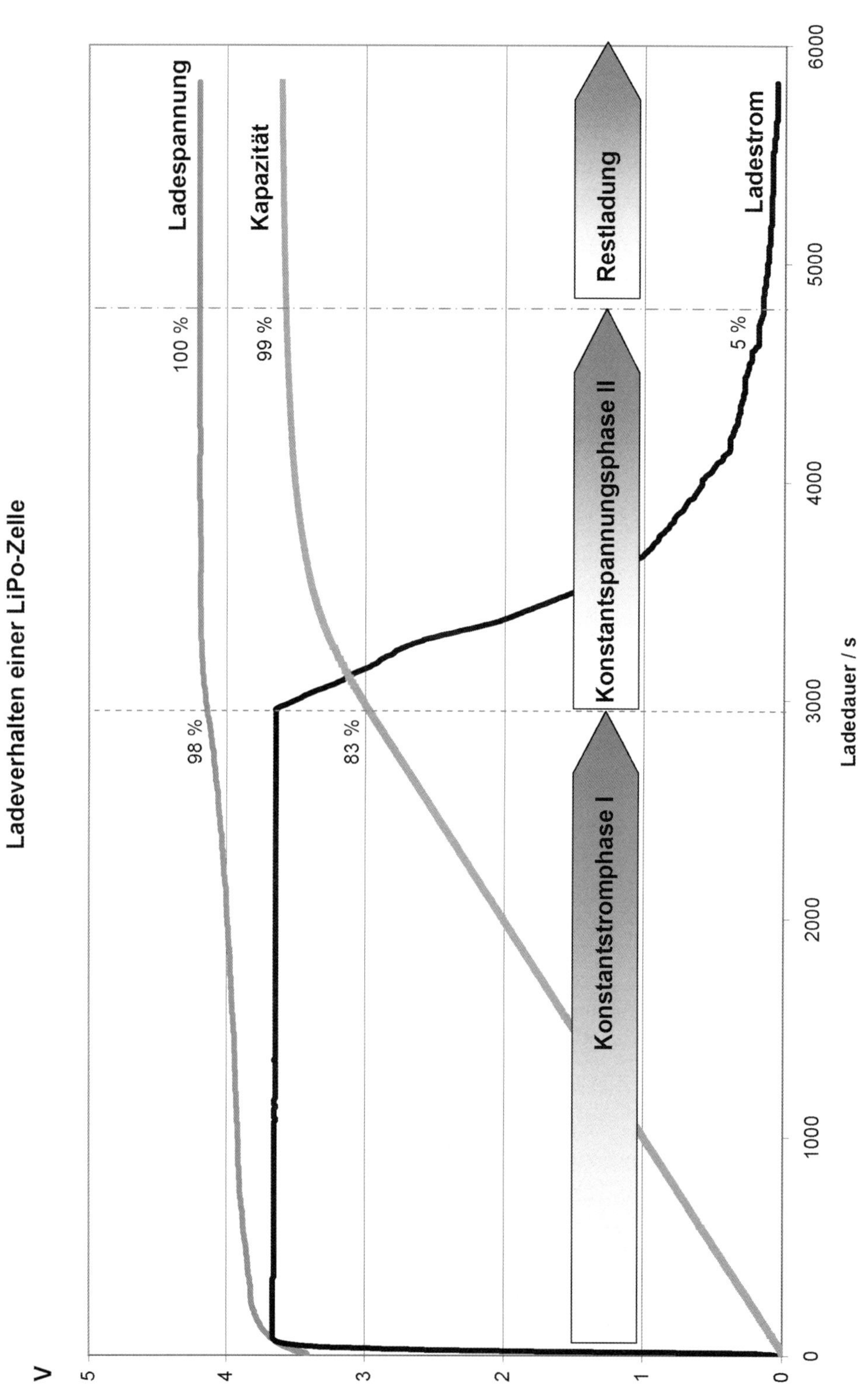
Ladeverhalten einer LiPo-Zelle
V
5
4
3
2
1
0
Ladespannung
Kapazität
Ladestrom
98 %
83 %
100 %
99 %
5 %
Konstantstromphase I
Konstantspannungsphase II
Restladung
0
1000
2000
3000
4000
5000
6000
Ladedauer / s

10.5-a

den Elektrodenmaterialien, mit einer maximalen Ladespannung von 4,20 V näher an die „Stabilitätsgrenze" von 4,235 V heran, da mit diesem „Grenzgang" ein willkommener Zuwachs an Kapazität sowie eine höhere Entladespannung auf der Habenseite verbucht werden können. Dennoch leuchtet wohl ein, dass damit der obere Sicherheitsrand recht schmal geworden ist. Das verwendete Ladegerät muss also die Ladeschluss-Spannung sehr genau einhalten.

Dies ist noch relativ leicht zu bewerkstelligen, solange es um die Ladung von nur einer einzelnen Zelle geht (wie beispielsweise bei Mobiltelefonen). Werden jedoch mehrere Li-Zellen zu einer Batterie in Reihe geschaltet, so kann ein einfaches, die Spannung kontrollierendes Ladegerät nur die Einhaltung der Summenspannung garantieren (bei einer 3-zelligen Batterie wären dies somit 3 × 4,2 V = 12,6 V). Es bedarf zusätzlicher Maßnahmen, um vor allem gegen Ende der Ladung sicherzustellen, dass auch ***keine einzelne*** Zelle ihr Spannungslimit überschreitet. Diese Gefahr ist durchaus gegeben, da Exemplarstreuungen bei Kapazität und Selbstentladerate für ein Auseinaderdriften der Zellenspannungen sorgen können. Auch wird durch unterschiedliche Zellentemperaturen die Kapazitätsaufnahme beeinflusst. Daher sollen „betriebswarme" Batterien am besten erst dann wieder aufgeladen werden, wenn alle Zellen abgekühlt sind.

Etwas weniger kritisch scheint das Überladerisiko bei den LiFe-Zellen. Das Eisenphospat-Kathoden-Aktivmaterial kann schon bei einer relativ geringen Ladespannung von 3,6 V hinreichende Lithiummengen einlagern, sodass nach oben hin eine gewisse „Pufferzone" verbleibt. Eine geringfügige Überladung bleibt hier zumindest ohne zeitnahe Folgen. Prinzipiell gelten aber auch für diese Zellenvariante die angeführten Sicherheitsmaßnahmen.

10.5.1 Ladeparameter

Lithium-Ladegeräte müssen zwingend vor Ladebeginn mit folgenden Parametern „gefüttert" werden:

- Maximale Ladespannung
- Maximaler Ladestrom

Die Spannungseinstellung ergibt sich aus der Zellenzahl, multipliziert mit der maximal zulässigen Ladespannung des jeweiligen Akkutyps (LiIon und LiPo 4,1 oder 4,2 V, LiFe 3,6 V). Da die richtige Einstellung hier elementar wichtig – weil sicherheitsrelevant – ist, kann sie nur bei niedrigen Zellenzahlen (bis zu drei) automatisiert werden. Darüber lässt die Spannung der zu ladenden Batterie, welche sich bei LiPos beispielsweise im Bereich von 2,5 bis < 4,2 V bewegen darf, keine eindeutigen Rückschlüsse mehr auf die Zellenzahl zu. Komfortable Ladegeräte schlagen daher bestenfalls eine durch Spannungsmessung ermittelte naheliegende Zellenzahl vor. Diese muss dann vom Gerätenutzer erst bestätigt oder bei Bedarf korrigiert werden. Allerdings sind mittlerweile auch Systeme auf dem Markt, welche durch Kodieren des jeweiligen Akkus Einstellfehler auszuschließen helfen.

Die Stromeinstellung kann, wenn die Laderate (z. B. 1 C) festliegt, auch aus der Akkukapazität abgeleitet werden. Da das Stromlimit nur größenordnungsmäßig der Einhaltung bedarf, genügt es, wenn der Anfangsladestrom in Stufen einstellbar ist. Auch sind Ladegeräte bekannt, welche durch Messung des Batterie-Innenwiderstands den passenden Ladestrom ermitteln können. Im Interesse der Batterielebensdauer gilt ein möglichst langsamer Ladevorgang (0,5 bis 1 C) als wünschenswert.

Wurden ein LiIon oder LiPo sehr tief entladen, sodass die Ruhespannung zu Ladebeginn unter 3 V liegt, sollte der Ladestart mit noch geringeren Laderaten, am besten 0,1 C erfolgen. Dies ist bei Ladegeräten mit fortschrittlicher Technik Bestandteil des Ladeprogramms. Bei Erreichen einer bestimmten Spannungsschwelle (3,0 bis 3,3 V) erfolgt dann das Umschalten auf den eingestellten Ladestrom.

10.6 Laden von Lithium-Batteriepacks

Die vergleichsweise hohe Zellenspannung macht es in zahlreichen Fällen möglich, mit nur einer Zelle als Stromversorgung (Handy, iPod, Digitalkompaktkamera, LED-Light) auszukommen. Meist jedoch ist es unverzichtbar, auch hier mehrere Zellen zu einer Batterie zusammenzufassen und beispielsweise in Serie zu schalten.

10.6.1 Reihen-(Serien-)geschaltete Batteriepacks

Es inzwischen üblich, solche Zellenarrangements mit einer Kurzbezeichnung zu versehen. Diese lautet beispielsweise für eine Batterie aus 5 in Serie geschalteten 4-Ah-Zellen:

5 s 4000 mAh

Zellenzahl — Verschaltung (Serie) — Kapazität in mAh (Maßeinheit kann fehlen)

In Serie geschaltete Li-Zellen bedürfen bei der Ladung (und bisweilen auch bei der Entladung) der Einzelzellenüberwachung. Dazu sind Einzelzellenabgriffe erforderlich. Praktisch geschieht dies, indem Einzelzellenanschlüsse bzw. die inneren Zellenverbindungspunkte über separate Adern herausgeführt werden. Diese bezeichnet man auch als Sensorleitungen. Da über diese Zellenabgriffe normalerweise nur kleine Ströme fließen, genügen hier vergleichsweise dünne Litzen. Für diese zusätzlich zu den Batterieanschlüssen erforderlichen Leitungsbündel hat sich der Begriff „Balancerkabel" eingebürgert. Zur Ankopplung der Überwachungseinrichtung sind bis heute (leider immer noch) unterschiedliche Steckersysteme üblich.

Beim Laden gilt es zu verhindern, dass einzelne Zellen vor anderen voll werden und diese so u. U. eine zu hohe Ladespannung abbekommen. Dies droht immer

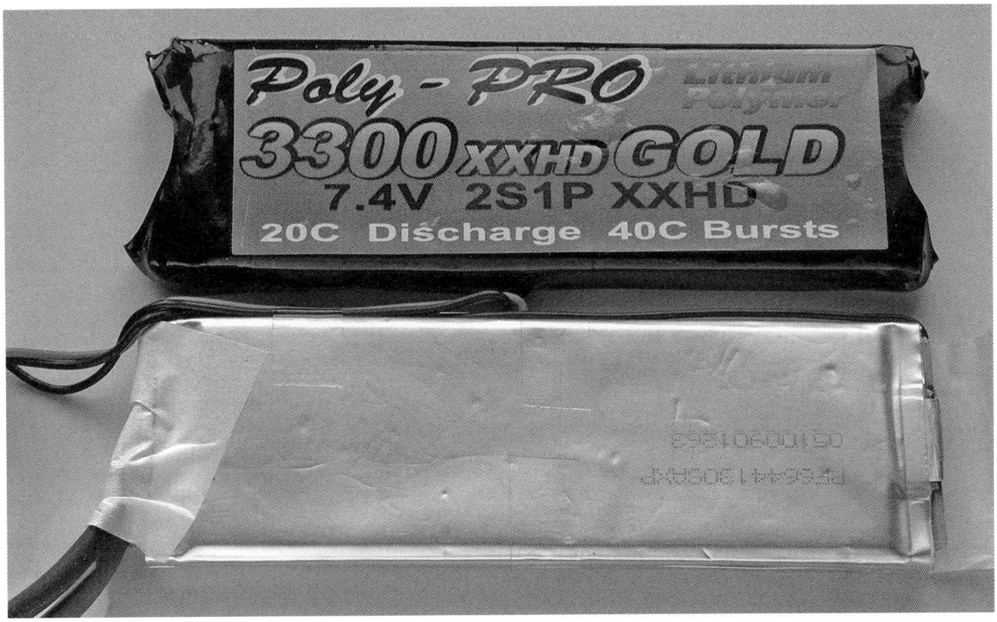

10.6.1-1 *Schrumpfschlauch, Datenblatt oder Litfaßsäule? Bei den dargestellten LiPos handelt es sich jeweils um 2 Serienzellen mit 3300 mAh Kapazität. Der Zusatz 1p (siehe 10.6.2) ist in diesem Falle irrelevant*

dann, wenn die Ladespannungen der Einzelzellen im Batterieverbund aus den unter 10.5 genannten Gründen voneinander abweichen. Da der Ladegerätausgang aber nur die Summenspannung kontrolliert, kann die Spannung einzelner Zellen u. U. dennoch auf kritische Werte ansteigen, wie die folgende Spannungsaddition am Beispiel einer 3s-LiIon-Batterie verdeutlichen mag:

$$3 \times 4{,}2\ \text{V} = 12{,}6\ \text{V} = 4{,}15\ \text{V} + 4{,}10\ \text{V} + 4{,}35\ \text{V}$$

Soll-Summenspannung für 3s-Batterie (↗ 4,2 V) — Zelle 1 (↑ 4,15 V) — Zelle 2 (↑ 4,10 V) — ***Zelle 3 mit Überspannung*** (↑ 4,35 V)

Bekannt sind verschiedene Möglichkeiten, dieses Problems Herr zu werden:

- **Einzelzellenladung**
- **Balancereinsatz**

Bei Balancern unterscheidet man zwischen:

- **Einzelzellen-Spannungslimiter**
- **Equalizer**

Die ***Einzelzellenladung*** kann nur über das Balancerkabel selbst erfolgen, was wegen des dünneren Leitungsquerschnitts eventuell die Ladestromstärke begrenzt. Insgesamt erfordert diese Methode jedoch einen recht erheblichen Aufwand, weil für jede Einzelzelle ja eine spannungsgenau arbeitende Ladestufe erforderlich ist.

Sollen, was durchaus üblich ist, die einzelnen Zellen auch während der Ladung verbunden bleiben, wird es zudem erforderlich, die einzelnen Ladezweige galvanisch voneinander zu trennen. Diese Lademethode wird daher nur in wenigen Fällen tatsächlich angewandt.

Weit wirtschaftlicher ist der Einsatz von Einzelzellen-***Spannungslimitern***. Sie werden während der Ladung der Einzelzellen parallel geschaltet. Unterhalb der maximal zulässigen Ladespannung sind diese Module inaktiv, nehmen allenfalls einen geringen Ruhestrom auf. Sobald aber das Spannungslimit an der Zelle erreicht wird, wird die Schaltung aktiv, das heißt niederohmig leitend. Ab jetzt fließt der Ladestrom durch den Limiter, also an der Zelle vorbei. Ein Limiter verhält sich somit wie eine Z-Diode mit extrem scharfem Knick oder – bildlich gesprochen – wie ein Badewannen-Überlaufschutz.

Limiter arbeiten problemlos und zuverlässig, wenn das „Ambiente" stimmt, d. h. die Spannungsunterschiede an den einzelnen Zellen nur gering sind. Davon ist bei intakten Akkus auszugehen. In diesem Fall treten die Spannungslimiter erst in der Schlussphase der Ladung auf den Plan, dann, wenn der Ladestrom bereits auf einen niedrigen Wert abgesunken ist. Probleme kann es jedoch geben, wenn die Batterie eine sehr tief entladene oder defekte Zelle enthält. In diesem Fall können die Limiter schon sehr früh in Aktion treten müssen und haben dabei hohe Ladeströme zu verkraften. Gleiches passiert bei Limitern, die an sehr hochohmig gewordene Zellen angeschlossen sind.

10.6.1-2
Der HyperB5-Limiter kann dank Kühlkörper auch mal Ströme von > 1 A ableiten. Auf Dauer verträgt er 10 W

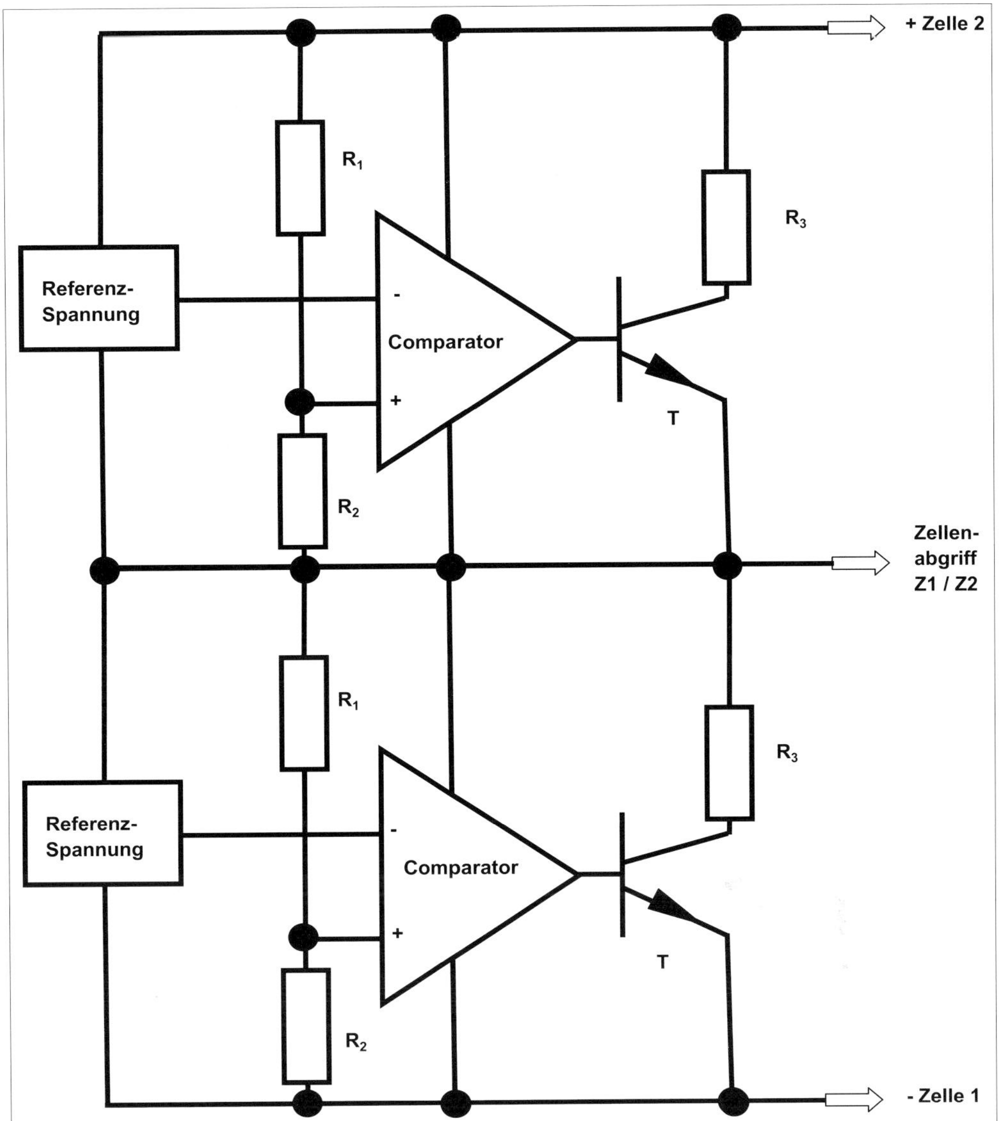

Prinzipschaltung eines Spannungslimiters für einen 2S-Lithium-Akku

Er besteht aus einer hochgenauen Spannungsreferenz und einem Spannungskomparator. Der Spannungsteiler R_1/R_2 ist so dimensioniert, dass der Ausgang des Op Amp bei exakt 4,20 V auf High schaltet und nun T aktiviert, der eventuell zusammen mit R_3 nun den Ladestrom ableitet. Wichtig ist eine ausreichende Belastbarkeit von T und R_3.

10.6.1-a

Weniger kritisch ist der Fall, bei dem sich die realistisch vorhandenen Spannungstoleranzen aller Limiter so ungünstig addieren, dass das Ladegerät einfach mehr als deren Summenspannung liefert. Gleiches geschieht, wenn die Spannung des Ladegeräts sehr weit im oberen Toleranzfeld liegt. In diesem Fall wird das Ladegerät den Strom durch die Limiter als Ladestrom missdeuten und daher nie „voll" signalisieren bzw. abschalten. Zwar schützen die Limiter in diesem Fall die Zellen vor Überspannung, nicht aber vor nutzlosem Dauerladen. Gut, wenn das Ladegerät auch über einen zusätzlichen Sicherheitstimer verfügt, der die Ladung nach einer vorgegebenen Höchstdauer beendet.

Sehr guten Schutz gegen Überladung einzelner Zellen bietet der Einsatz eines ***Equalizers***. Er wird – sofern nicht im Ladegerät bereits eingebaut – einfach zwischen Ladegerät und Akku geschaltet. Durch diesen zusätzlichen Leitungsabschnitt erhöht sich allerdings der Widerstand des Leitungskreises geringfügig, was einen früheren Übergang nach Ladephase II (Konstantspannungsphase) erzwingt und somit die Gesamtladezeit leicht verlängert.

Ein Equalizer tritt nicht erst in der Schlussphase der Ladung auf den Plan, sondern beginnt ab einem bestimmten Aufladegrad bereits damit, die einzelnen Zellenspannungen der angeschlossenen Batterie miteinander zu vergleichen. Stellt er kritische

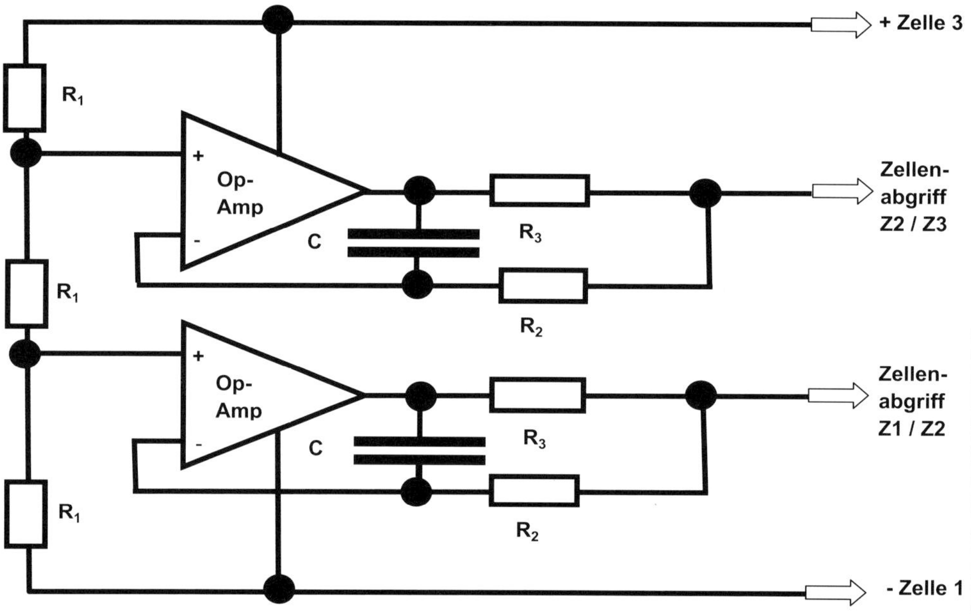

Prinzipschaltung eines Equalizers für einen 3S-Lithium-Akku

Das Herzstück bildet eine Anzahl (Zellenzahl – 1) Operationsverstärker (OpAmp). Der Spannungsteiler aus gleichen Widerständen R_1 / R_1 / R_1 teilt die Batteriespannung in drei gleiche Teile und gibt damit am Pluseingang der OpAmps den Sollwert vor. Weicht die reale Spannungsverteilung an den Abgriffen nun davon ab (messbar über R_2), so wirkt der entsprechende Komparator über R_3 dagegen und bevorzugt die „spannungsarme" Zelle so lange, bis sich auch dort Symmetrie einstellt.

10.6.1-b

Unterschiede fest, so beginnt die Elektronik damit, Ladung über die Zellenabgriffe umzuschichten, um die erkannten Unterschiede auszugleichen. Er versucht einfach, alle Zellen ständig auf gleichem Spannungsniveau zu halten. Da der Equalizer dafür nahezu während der gesamten Ladezeit wirksam ist, bleiben die dafür erforderlichen Ausgleichsströme gewöhnlich in Grenzen. Trotzdem sorgt normalerweise ein zusätzlicher Spannungsdetektor für das Beenden der Ladung, wenn eine der Zellen dann trotzdem das Spannungslimit überschreiten sollte. Im sogenannten „getrennten Modus" kann dann der Equalizer selbst nach dem Abschalten des Ladestroms noch seine Ausgleichsarbeit fortsetzen. Limiter- wie auch Equalizerbausteine sollten nach Ladeende allerdings nicht ständig mit dem Akku verbunden bleiben, da die Ruheströme der Geräte über lange Zeitdauer auch zu einer schädigenden Tiefentladung der Zellen führen können.

Inaktiv bleiben sollten Equalizer zu Anfang der Ladung, wenn die Ladespannung noch sehr niedrig ist, weil Spannungsabweichungen im steilen Bereich des unteren Kennlinienendes eben völlig normal sind. Diese ergeben sich aus kleinen Kapazitätsstreuungen bei den Einzelzellen, die bis zu einer Größenordnung von 5% durchaus im „grünen Bereich" liegen.

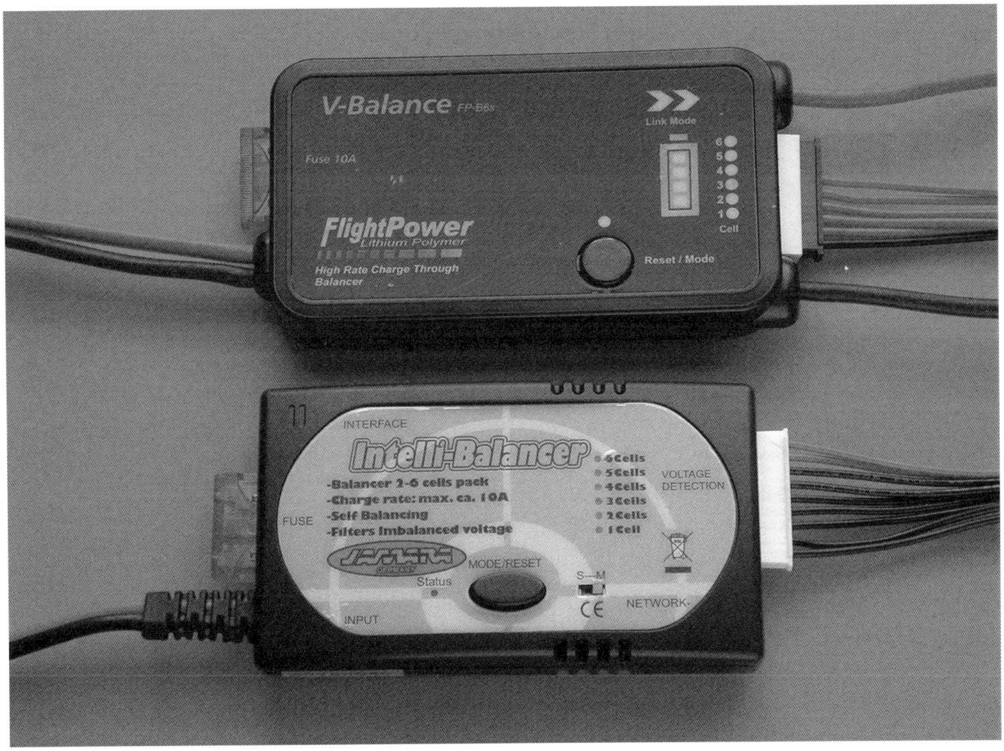

10.6.1-3 *Equalizer für maximal 6s-Batterien. Durch Kaskadieren mehrerer Equalizer können auch Batterien mit noch höherer Zellenzahl überwacht werden*

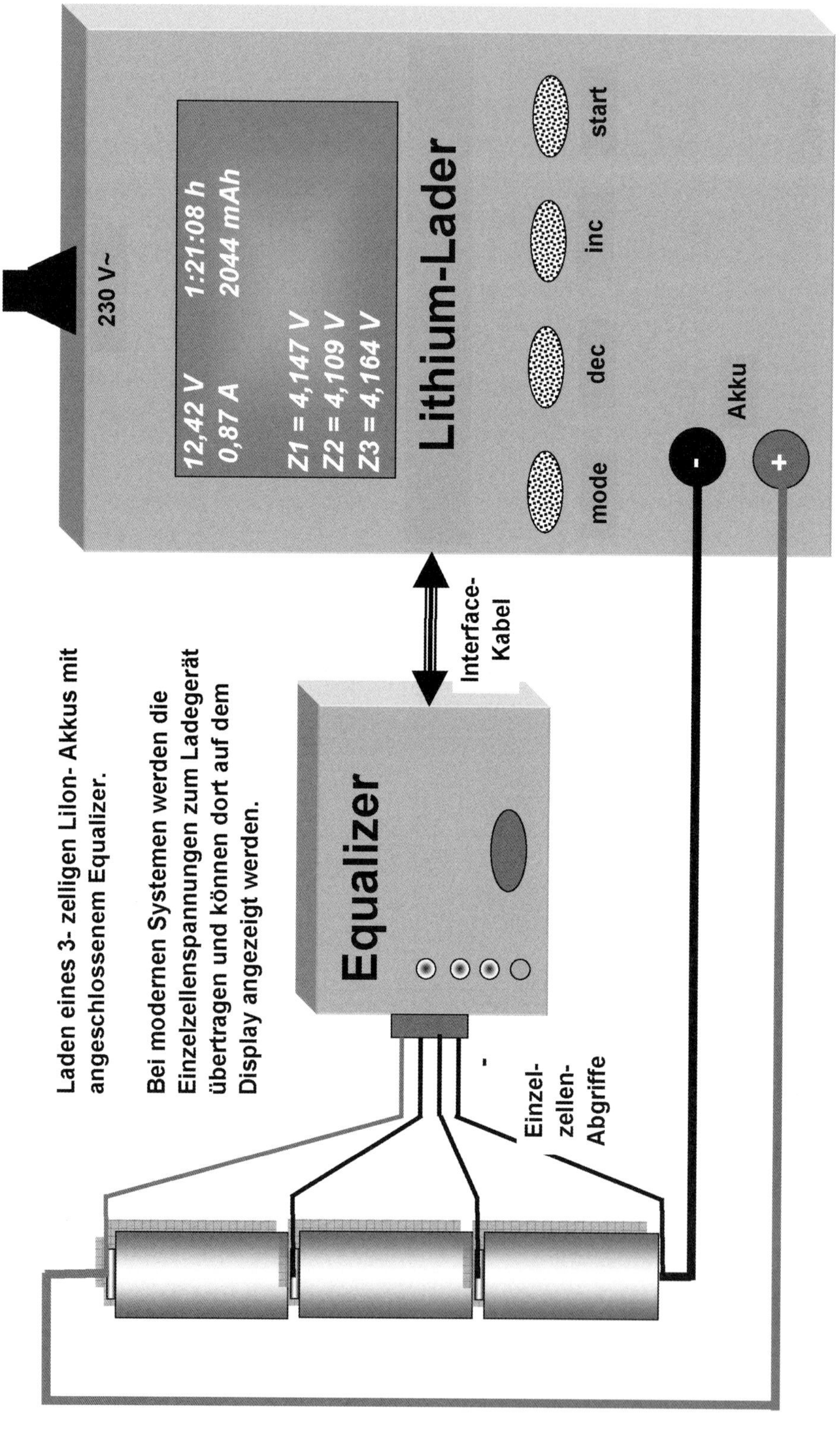

Laden eines 3- zelligen LiIon- Akkus mit angeschlossenem Equalizer.

Bei modernen Systemen werden die Einzelzellenspannungen zum Ladegerät übertragen und können dort auf dem Display angezeigt werden.

10.6.1-c

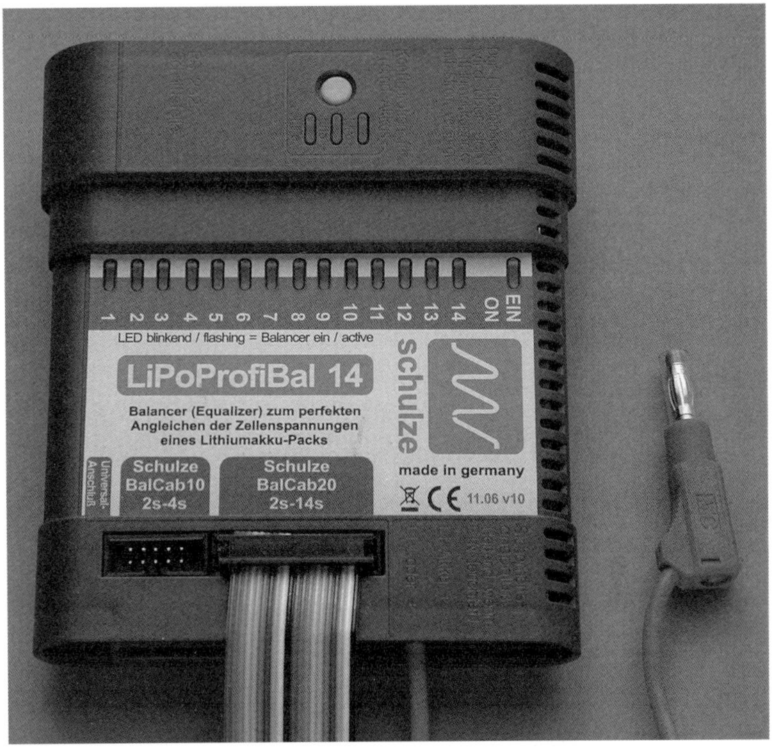

10.6.1-4 Leistungsfähiges Schulze-Equalizersystem, kann bis zu 14 Zellen angleichen

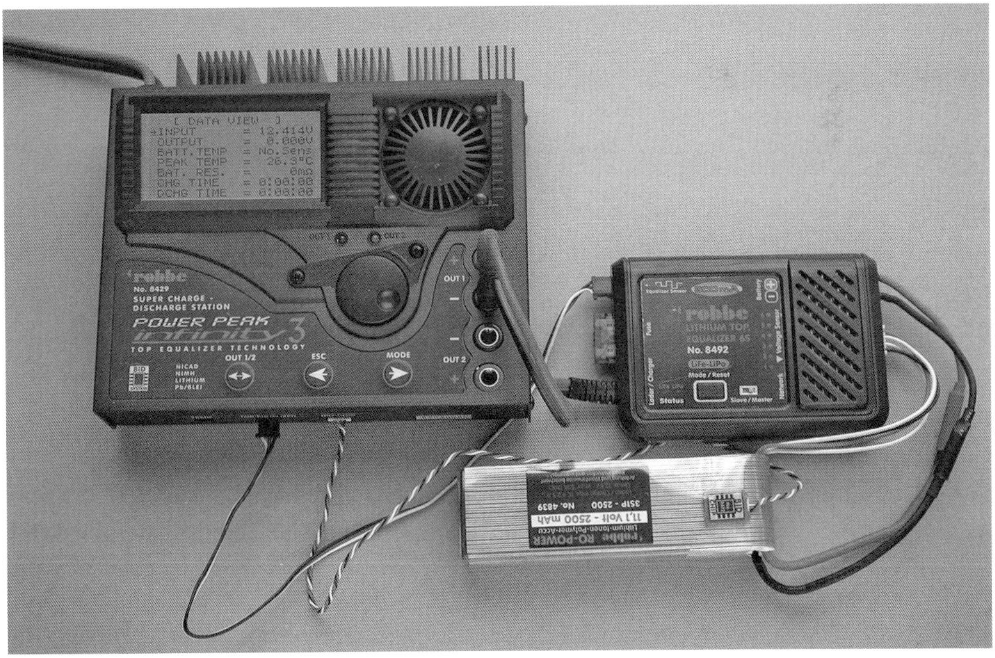

10.6.1-5 robbe-Ladesystem mit Equalizer und integriertem BID-Chip

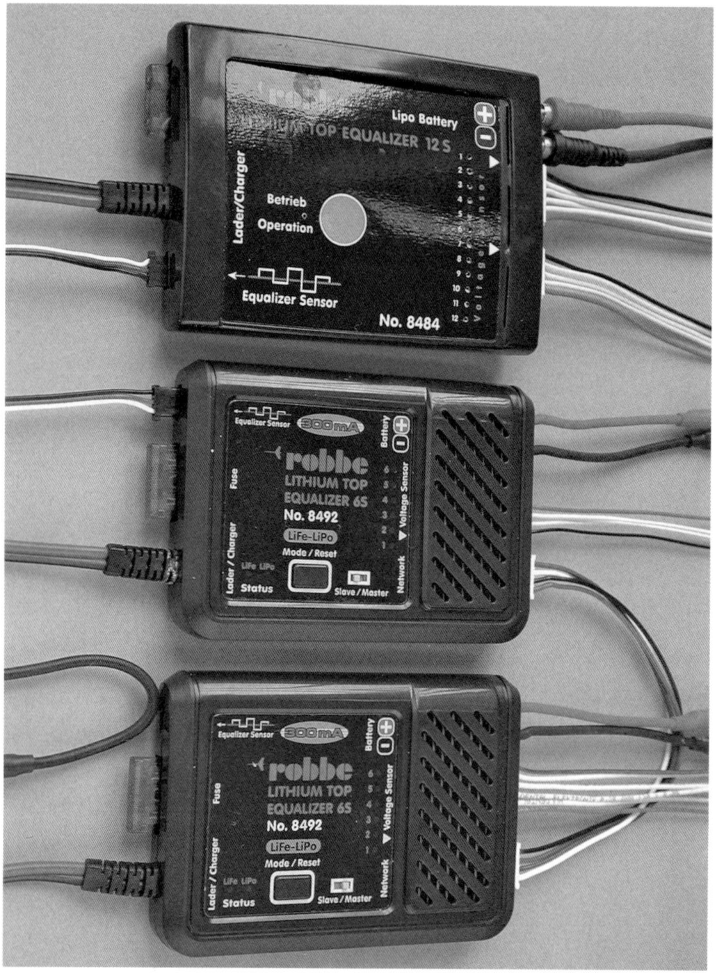

10.6.1-6
Der robbe-Equalizer für 12s-Batterien (oben) kann auch durch zwei kaskadierte 6s-Balancer (unten) ersetzt werden. Allerdings wirkt der Verbindungsaufwand in diesem Fall schon sehr erheblich. Die beiden Equalizer sind dabei durch ein Master/Slave-Kabel (rechts) verknüpft

10.6.2 Parallel geschaltete Batteriepacks

Kann ***eine*** Zelle den gewünschten Strom nicht liefern, so kann durch parallelschalten von mehreren Zellen Abhilfe geschaffen werden. In diesem Fall vervielfachen sich dann sowohl die verfügbare Zellenkapazität wie auch die höchstmögliche Stromlast.

Da bei Li-Batterien ein eindeutiger Zusammenhang zwischen Spannung und Ladezustand (Grad der Vollladung) besteht, dürfen Li-Akkus gleichen Typs in jedem Betriebszustand (laden, entladen, lagern) parallel geschaltet bleiben; ihre Ableiter dürfen also fest miteinander verschweißt bzw. verlötet sein. Auch für solche Zellenarrangements existiert eine Kurzbezeichnung:

3 p 2000 (mAh)

Zellenzahl — Verschaltung (parallel) — Einzelzellenkapazität in mAh (Maßeinheit kann fehlen)

Parallel geschaltete Zellen wirken für die angeschlossene Geräteperipherie wie eine einzelne Zelle mit vervielfachter Kapazität (im obigen Beispiel 3 x 2000 mAh = 6000 mAh) und durch die Zahl der Parallelzellen geteiltem Innenwiderstand ($R_{iEinzelz}/3$), können also auch entsprechend höher belastet werden.

10.6.2-1 *Hier lassen sich dann schon gut 60 A entnehmen: 4 parallel geschaltete sogenannte Konions (LiIons von Sony). Bei direkt parallel liegenden Zellen genügt eine gemeinsame Ader zum Limiter- oder Equalizeranschluss, da alle Zellen dieselbe Spannung haben. Natürlich muss die Leistung der Balancer in gleichem Maß wachsen*

Wichtiger Sicherheitshinweis:

Es dürfen nur Zellen gleichen Typs mit gleichem Ladezustand – erkennbar an gleicher Ruhespannung ($\Delta U < 50$ mV) – parallel geschaltet werden. Ansonsten können beim Verbinden zerstörerische Ausgleichsströme fließen!

10.6.3 Kombiniert verschaltete Batteriepacks

Prinzipiell gibt es zwei verschiedene Möglichkeiten, Li-Zellen kombiniert zu verschalten. Es können die Zellen erst mal zu Parallelpacks verbunden und dann mehrere solcher Parallelpacks in Serie geschaltet werden. Die Bezeichnung hierfür kann dann z. B. lauten:

3p 5s 2000 (mAh)

Ein solcher LiPo-Pack hat dann eine Kapazität von 6000 mAh und eine Nennspannung von 18,5 V bzw. eine Ladespannung von 21 V. Bei 1C-Ladung sind also 6 A Anfangsladestrom einzustellen. Für die Spannungseinstellung ist die Anzahl der Serienzellen (also 5s) maßgebend. Bei einer derartigen Anordnung genügen 5 Limiter- bzw. Equalizerstufen. Ihr Ableitungs- bzw. Ausgleichsvermögen sollte jedoch dem hohen Gesamtstrom angepasst sein!

Sehr oft ist es aber auch erwünscht, fest in Serie arrangierte Packs nachträglich zueinander parallel zu schalten. Auch das darf, obigem Sicherheitshinweis entsprechend, nur bei Spannungsgleichheit erfolgen, da ansonsten „ungesunde" Ausgleichsströme die Folge sein könnten.

In solchen Fällen sind die Parallelbatterien wie zwei voneinander unabhängige Einheiten zu laden. Zumindest muss jeder einzelne Pack einen der Zellenzahl entsprechenden Balancer bekommen. Es ist prinzipiell jedoch erlaubt, beide Serienbatterien parallel an einen Ladeausgang anzuschließen.

10.7 Lebensdauerfragen: wie lagern und pflegen?

Hier offenbart sich ein weiterer Vorteil der Lithium-Technik: Bei ihr sind keine Memory- oder Lazy-Batterie-Effekte bekannt; sie bedarf somit bei längerem Nichtgebrauch keiner Entlade-/Ladebehandlung. Es ist sogar davon abzuraten, Lithium-Akkus unnötigerweise aufzuladen oder zu entladen, weil auch hier jeder Lade-/Entladevorgang den „inneren Zyklenzähler" weiterschaltet. Dies gilt insbesondere bei tiefen Zyklen, wenn Li-Akkus bis an die Spannungsgrenze geladen und bis < 3V entladen werden. Wie Akkus auf Ni- oder Pb-Basis bleiben auch Li-Akkus beim Zyklieren nicht von innerer Abnutzung (Degeneration) verschont. Dies liegt daran, dass die Elektrodenreaktionen nicht ganz vollständig reversibel verlaufen. Namentlich am oberen Rand des Spannungsfensters treten auch verstärkt Nebenreaktionen auf. Zudem verformt sich die negative Graphitelektrode. Im unteren Spannungsbereich „schläft" ein Lithiumakku grundsätzlich „gesünder". Doch ist bei sehr tiefer Entladung längeres Lagern dennoch nicht anzuraten, weil durch – wenn auch geringe – Selbstentladung die Spannung unter das untere Limit von 2,5 V fallen kann.

Es wird daher empfohlen, LiIon- und LiPo-Akkus bei mittleren Spannungen zu lagern. Dies ist der Ruhespannungsbereich von 3,7 bis 3,9 V. Bei LiFe-Typen sind Werte von 3,2 bis 3,4 V anzustreben. Es gibt bereits sogenannte Storage-Ladeprogramme, die zu lagernde Zellen genau auf diese Spannung auf- oder bis zu diesem Wert entladen. Und natürlich sollte eine längere Lagerung bei eher tiefen Temperaturen erfolgen, weil unter diesen alle chemischen Reaktionen grundsätzlich verlangsamt ablaufen.

Die zu erwartende Lebensdauer bzw. Zyklenzahl hängt natürlich stark von den Nutzungsbedingungen ab. Hohe Ströme, verbunden mit starker Zellenerwärmung

(> 70 °C) sind bei Hobbyanwendungen wohl der Hauptgrund für eine beschleunigte Degeneration und damit rasches Altern von Lithium-Akkus. Auch „Ladesünden" wie zu hohe Anfangsströme oder mehr noch das gelegentliche Überschreiten des Ladespannungslimits sind als alterungsrelevante Stressfaktoren anzusehen. Allerdings spielen hier auch Qualitätskriterien eine ganz entscheidende Rolle. Gerade der Freizeitbereich wurde in jüngster Zeit bevorzugt von billigen, aber nicht unbedingt preiswerten Fernostprodukten überschwemmt, bei deren Herstellung noch ein sehr großer Handarbeitsanteil zu vermuten ist. Hier ist weder die notwendige Serienkonstanz (d. h. die Daten einzelner Zellen können stark voneinander abweichen) noch die Reinheit des eingebauten Materials garantiert. Daher ist es ratsam, sich nur aus Quellen zu bedienen, die für Produktqualität stehen und auch dafür haften!

LiIon-Qualitätszellen haben bei normalen Lastverhältnissen (Ströme bis 1 C) durchaus das Potenzial für mehr als 500 Lade-/Entladezyklen. Bei Extrembelastung, wie sie beispielsweise beim Betrieb von Modellflugzeugmotoren (8 bis 20 C) üblich ist, wird man sich wohl je nach Beanspruchungsgrad mit 50 bis 200 Zyklen begnügen müssen, wobei nach Ende der definierten Lebensdauer (Kapazität auf 80% des Anfangswerts abgesunken) durchaus eine weitere Nutzung möglich ist. Bei hochwertigen LiPos wurden bereits vergleichbare Zyklenzahlen ermittelt.

Als besonders zyklenfest und langlebig gelten Zellen auf LiFe-Basis. Die Herstellerangaben von bis zu 6000 Zyklen mögen teilweise von Optimismus geprägt sein. Gleichwohl scheint dieser Zellentyp in Bezug auf Robustheit und Langlebigkeit tatsächlich neue Maßstäbe zu setzen.

Daneben gilt es bei Li-Akkus auch noch den Begriff der ***kalendarischen Alterung*** zu erläutern. Diese ist – abgesehen von der Temperatur – von den Nutzungsbedingungen weitgehend unabhängig. Akkus verlieren Kapazität und Leistungsvermögen (ansteigender Innenwiderstand) einfach durch Prozesse, die ohne äußeres Zutun innerhalb der Zelle ablaufen. Generell ist die Li-Zellengeneration noch zu neu, um hier über aussagefähige Zahlen verfügen zu können.

10.8 Sicherheitsaspekte

Wie deutlich geworden sein müsste, birgt die vergleichsweise junge Li-Technologie trotz entscheidender Entwicklungsfortschritte noch geringe Restrisiken. Und wenn sich auch die nachprüfbar durch brennende oder gar explodierende Lithiumakkus eingetretenen Schadensfälle nicht an den einschlägigen Sensationsberichten spiegeln lassen, so sollten die mit Li-Akkus verbundenen Gefahrenpotentiale gleichwohl nicht ignoriert werden.

Entwarnung kann insoweit gegeben werden, dass es im Normalbetrieb bei Einhaltung der Herstellervorschriften praktisch nie vorkommt, dass so ein Akku „durchgeht". Fälle bei LiIon-Akkus in Notebooks, die beim Betrieb Feuer fingen, waren auf inzwischen erkannte Produktionsfehler zurückzuführen und führten zu teilweise spektakulären Rückrufaktionen.

Es ist davon auszugehen, dass bei modellsportlichen Anwendungen nahezu 100% der Schäden auf falschen Einsatz (grobe Überlastung) oder Bedienungsfehler (bevorzugt beim Laden) zurückgehen. Als „Lieblingsfehler" können dabei gelten:

- Laden mit NiCd/NiMH-Ladeprogrammen
- Falsche (zu hohe) Zellenzahleingabe
- Laden ohne Balancerverbindung

Doch auch hier lassen sich erfahrungsgemäß auf das Mobiliar oder Kfz übergreifende Großschäden dadurch vermeiden, dass die Ladung durch eine anwesende Person überwacht wird. Bei einem Aufblähen einzelner Zellen, aus dem Zelleninneren hervordringenden „Bruzzeltönen" oder gar schon einsetzender Rauchentwicklung ist die Ladung sofort zu stoppen und der Akku an einen brandsicheren Platz im Freien zu verfrachten. Ein CO_2-Löscher (Vorsicht, wegen Erstickungsgefahr) ist in einer Elektro-Hobbywerkstatt keinesfalls deplatziert.

Ferner sind sich zahlreiche Hobbyanwender nicht über die tatsächlich bei der Entladung fließenden Ströme im Klaren. Hier helfen nur Strommessungen.

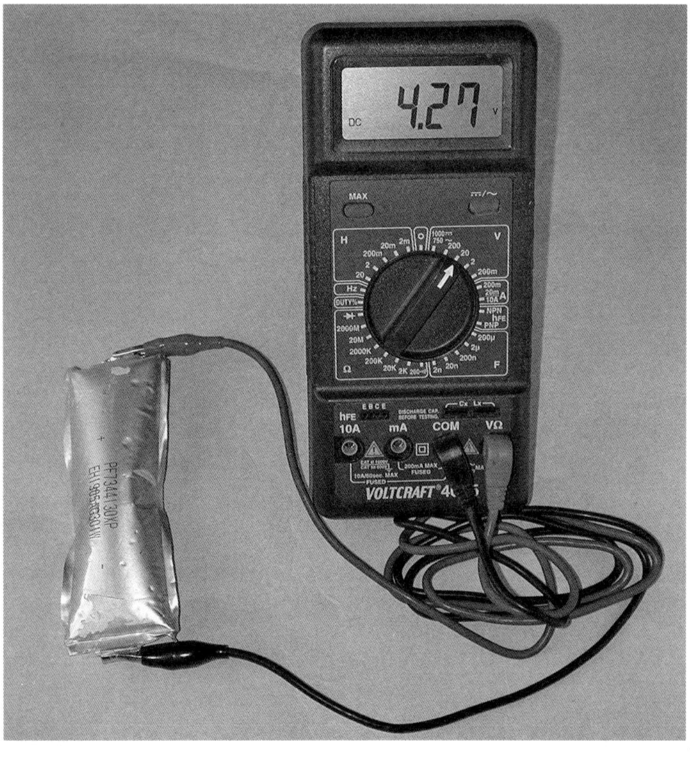

Abb. 10.8-1
Dickmacher Nr. 1:
zu viel Ladespannung!

Auf das Konto „nachlässiger Umgang mit Gefahrgütern" gehen auch nicht kurzschluss- wie auch nicht verpolungssichere Steckersysteme.

Eine namentlich bei Flugmodelleinsätzen niemals auszuschließende Gefahrenquelle ist die mechanische Beschädigung von Akkupacks durch „plötzlich eingetretene Schwerkrafteinwirkung". Wenn also LiPo-Packs absturzbedingte Deformierungen aufweisen, so sind sie sofort an einen brandsicheren, abseitigen Ort zu bringen und mindestens eine halbe Stunde lang zu beobachten, da ein sogenannter Thermal Runaway durchaus zeitverzögert einsetzen kann. Gleiches gilt für eingedellte Becherzellen.

Grundsätzlich müssen LiPos aufgrund von Druckstellen, so die Folienverpackungen keine Lecks aufweisen, nicht unbrauchbar geworden sein. Gleichwohl ist bei fortgesetzter Nutzung allergrößte Umsicht geboten. Dies gilt vor allem für den Transport im Kfz. Stabile, schocksichere Transportbehältnisse sind im heutigen Straßenverkehr sicher keine übertriebene Vorsicht.

Ob Transport und Ladung in den verschiedentlich angebotenen speziell präparierten LiPo-Koffern oder angeblich feuersicheren LiPo-Säcken wirklich anzuraten sind, lässt sich indes nach den heutigen Erfahrungen noch nicht sicher beurteilen. Eine feuersichere, nicht leitende Unterlage zählt aber zur Pflichtausstattung jeder Inhouse-Ladestelle.

Generell kann es nicht schaden, wenn beim Umgang mit Energiespeichersystemen von derart hoher Energie- und Leistungsdichte beim Denken und Tun die Reihenfolge stimmt!

11 Vergleich verschiedener Akkutechnologien

	NiCd	NiMH	Pb	LiIon	LiPo	LiFe
Nennspannung	1,2 V	1,2 V	2 V	3,6 V[1] 3,7 V	3,7 V	3,2 (3,3) V
Ladeschlussspannung	nicht definiert	nicht definiert	2,23 ... 2,4 V	4,1 V[2] 4,2 V	4,2	3,6 (3,65) V
Zulässige Entladetiefe	0 V	0,8 V	1,8 V	2,5 V	2,5 V	2, 0 V
Spezifische Energie	40 ... 50 Wh je kg	50 ... 80 Wh je kg	30 ... 40 Wh je kg	80 ... 110 Wh je kg	110 ... 180 Wh je kg	100 ... 120 Wh je kg
Aktivmaterial der Anode (-)	Cd	MH	Pb	C_6	C_6	C_6
Aktivmaterial der Kathode (+)	NiOOH	NiOOH	PbO_2	$LiCO_2$[4]	$LiCO_2$[4]	$LiFePO_4$
Ladekennlinie(n)	I-Ladung	I-Ladung	I U-Ladung	I U-Ladung	I U-Ladung	I U-Ladung
Empfohlene Laderate	1 ... 2 C	0,5 ... 1 C	0,1 C	0,5 C	0,5 C	1 C
Zulässige Laderate	4 C[3]	1,5 C[3]	0,2 ... 0,5 C	1 C	1 C[5]	4 C
Mögliche Entladerate bis	20 C[3]	10 C[3]	15 C	12 C	15 C[3]	20 C
Überladefähig bis maximal	0,3 C	0,05 C	0,02 C	4,25 V	4,25 V	4,25 V
Zu lagern im Zustand	entladen	geladen	voll geladen	3,7 bis 3,9 V	3,7 bis 3,9 V	3,2 bis 3,4 V
Erreichbare Zyklenzahl	bis 1000	bis 400	bis 300	bis 800	bis 500	über 1000
Dauerladegeeignet	bedingt mit 0,1 C	nein	unbegrenzt	bis 3,9 V[6]	bis 3,9 V[6]	bis 3,65 V

[1] älterer Standard bis 1999. Bei $LiNiO_2$-Zellen noch anzutreffen. Entwicklungstendenz nach 3,8 V

[2] älterer Standard, heute überwiegend 4,2 V

[3] bei Hochstromzellen höher (mit Lebensdauerminderung)

[4] auch $LiNiO_2$ oder $LiMn_2O_4$

[5] Entwicklungstendenz nach 2 C

[6] Ladezustand dabei nur 60 ... 65 %

12 Ladegeräte

Originäre Aufgabe eines Ladegeräts ist es, einem Akku Energie (Ladung) zuzuführen. Dies muss in einer für den jeweiligen Akku verträglichen, ja, sogar schonenden Form erfolgen. Hierbei soll die Ladetechnik bei dem zu ladenden Akku

- die Energiespeicherfähigkeit optimal nutzen, die größtmögliche Lebensdauer sichern.
- die bestmögliche Nutzung der Ladeenergie erreichen.
- (und oftmals) die kürzestmögliche Ladezeit anstreben.

Üblich sind entsprechend 6.1.3 verschiedene Ladekennlinien. Dabei wird im einfachsten Fall nur der Widerstand des Ladegeräts (evtl. inklusive dem des Ladekabels und des Akkus) dazu benutzt, den Ladestrom innerhalb bestimmter Grenzen zu halten (W-Kennlinie). Mehr technischen Aufwand erfordert die Konstantstromladung (I-Kennlinie) oder die spannungskonstante Ladung (U-Kennlinie). Meist werden bei modernen Ladegeräten die beiden letzten Kennlinien kombiniert.

Die moderne Elektronik ermöglicht es aber auch, die Ladung je nach Akkutyp ganz individuell zu steuern und dabei auch Nutzerwünsche mitzuberücksichtigen. Je nach technischer Intelligenz wird das Ladegerät hierbei verschiedene physikalische Größen überwachen und mit den eingespeicherten Parametern bzw. Ladekennlinien vergleichen. Damit ist es möglich, in jedem Ladezustand stets den optimalen Ladestrom zuzuführen bzw. die entsprechende Ladespannung anzulegen. Eine vorrangig zu lösende Aufgabe ist bei den meisten Akkutypen die Vollerkennung (Ladeende) und das damit verbundene Abschalten des Ladevorgangs bzw. die Umschaltung auf Erhaltungsladen.

Elektronische Intelligenz ermöglicht den Ladegeräten (von denen viele längst mehr können als nur laden), auch verschiedene Konditionierungs- und Pflegeprogramme zu „fahren". Diese bestehen in einer festgelegten Abfolge von Lade- und Entladezyklen. Leider besteht hier bei unsachgemäßer Anwendung immer auch die Gefahr des „Totpflegens".

12.1 Ladegeräte für spezifische Anwendung

Es geht dabei um Lader, die nur für einen spezifizierten Akkutyp verwendbar sind. Beginnen wir mit sogenannten Netzladegeräten, die ihre Energie aus der häuslichen Steckdose beziehen und oft in einem Steckergehäuse untergebracht sind. Allerdings erfordert der Umgang mit dieser Spannung die Einhaltung einschlägiger Sicherheitsmaßnahmen. (VDE-Bestimmungen sind zu beachten!)

Zur Spannungsanpassung und zum Zweck galvanischer Trennung ist immer ein Netztransformator erforderlich. Seine Größe richtet sich nach der geforderten Ladeleistung. Eine eventuelle Absicherung sollte nach Empfehlung des Herstellers vorgenommen werden.

Beim Selbstbau von Ladegeräten kann auf sogenannte Steckernetzteile zurückgegriffen werden (für Nachbaumotivierte ohne entsprechende Fachkenntnisse bezüglich VDE-Sicherheitsbestimmungen dringend anzuraten!). Sie verfügen über die nötige Schutzisolierung und liefern i. A. eine ungesiebte, also pulsierende Gleichspannung, welche bei Bedarf über zusätzliche Siebkondensatoren geglättet werden kann. Deren Größe richtet sich nach dem Strombedarf der Schaltung; 1000 Mikrofarad/Ampere können als Richtgröße dienen. Bei der Spannungsfestigkeit des Elkos (U_{kond}) ist zu beachten, dass er sich im Leerlauffall auf den Scheitelwert der Trafoausgangsspannung auflädt.

$$U_{kond} = 1{,}41 \times U_{eff} \quad \text{(bei } U_{eff} = 12\text{ V ist } U_{kond} \text{ also ca. 17 V)}$$

Nicht in allen Fällen bringt eine Glättung des Ladestroms Vorteile. So ist es für NiCd-Akkus, die mitunter länger als nötig am Ladegerät verbleiben, besser, wenn sie mit pulsförmigen Strömen gespeist werden. Richtgröße für die Ladestromhöhe ist in diesem Fall der arithmetische Mittelwert, der von allen gängigen Strommessgeräten angezeigt wird.

Im Folgenden seien einige einfache Prinzipschaltungen für Ladeanwendungen gezeigt.

12.1.1 Netzladegeräte für festgelegte Anwendungen

Schema 12.1.1-a zeigt die Innenschaltung eines einfachen, handelsüblichen, nicht stabilisierten Netzgeräts für verschiedene Spannungen, wie es zur Speisung nachfolgender Ladeschaltungen verwendet werden kann.

Sogenannte Steckdosenlader für Einzelzellen sind nach Abb. 12.1.1-b geschaltet. Sie arbeiten nach der W-Kennlinie. Die Dioden sind unterschiedlich gepolt, damit bei vollbestücktem Ladegerät beide Halbwellen der Netzwechselspannung genutzt werden. Dies schützt den Transformator vor einseitiger Vormagnetisierung.

Die Zellen werden mit pulsierendem Strom (Sinushalbwelle) geladen.

Im Anwendungsbereich Modellbau ist die Schaltung 12.1.1-c beheimatet. Akkus von 4 bis 16 Zellen können mit konstanten Strömen bis zu 1 A bearbeitet werden. Es können mehrere Transistorstufen an einem Gleichrichter betrieben werden.

Der Glättungskondensator (1000 µF oder größer) kann entfallen. Dann lädt auch diese Schaltung mit 100-Hz-Strompulsen. Allerdings stimmt dann die Formel zur Berechnung von R (Ladestrom) nicht mehr genau. Es empfiehlt sich in diesem Fall, R (2 W) durch ein entsprechendes Potentiometer zu ersetzen. Die LED dient zur Ladestromanzeige.

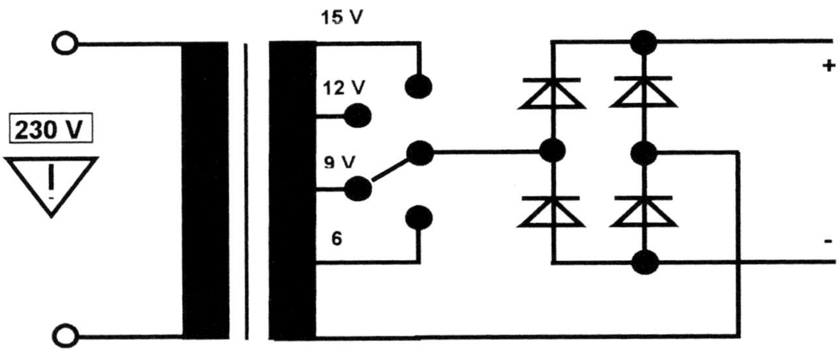

12.1.1-a

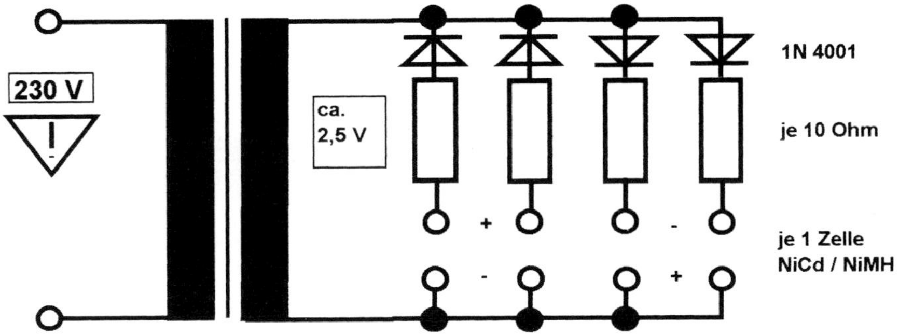

12.1.1-b

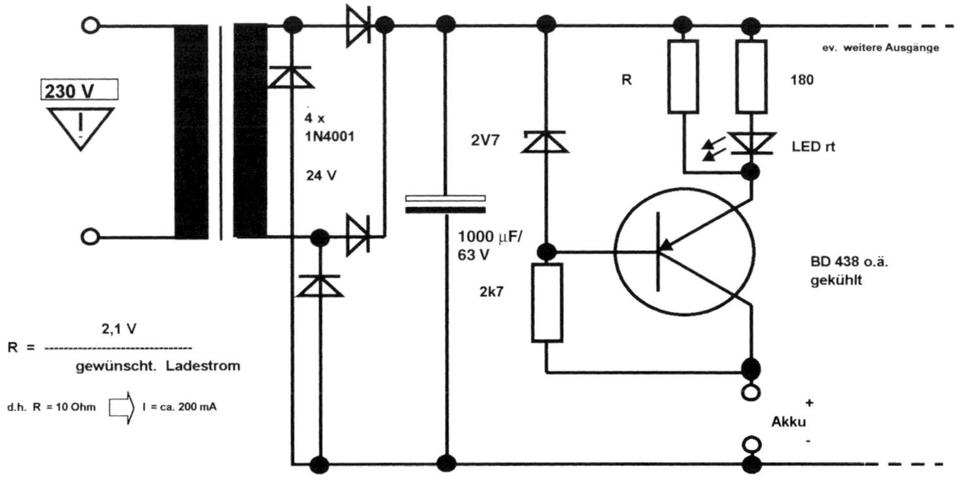

12.1.1-c

Für die Stabilisierung von Strömen bis 5 A bewährt sich eine Schaltung nach 12.1.1-d. Strommesswiderstand ist R4, dessen Widerstandswert durchaus etwas vom angenommenen Wert abweichen darf. Es ist z. B. möglich, dafür den Shuntwiderstand eines Amperemeters zu „missbrauchen". Wegen des Stromspiegelprinzips sollten D2 und T1 Wärmekontakt haben. Mit P1 wird der Maximalstrom vorgewählt. P2 bestimmt den Ladestrom. R3 kann durch die Reihenschaltung von zwei Glühlampen 12 V/3 W realisiert werden. Auf ausreichende Kühlung ist vor allem bei T2 zu achten!

Für die Ladung von Pb-Akkus nach der U-Kennlinie ist die Schaltung 12.1.1-e konzipiert. Ein Spannungswahlschalter ermöglicht das Laden von Bleiakkus mit einer Zelle (2 V), drei Zellen (6 V) oder 6 Zellen (12 V). Der maximale Ladestrom liegt bei 1,5 A (entspr. Kühlung vorausgesetzt). Bei Inbetriebnahme sollte zuerst die Ladespannungsquelle (links) angeschlossen werden.

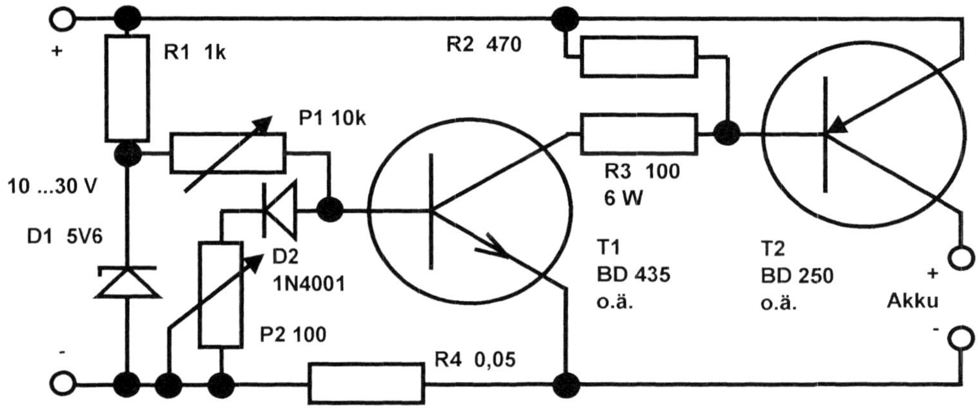

12.1.1-d

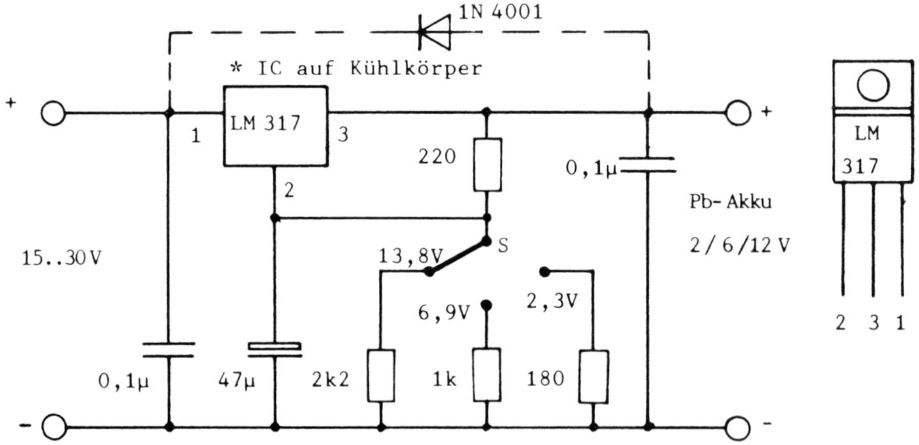

12.1.1-e Ladeschaltung für verschlossene Pb-Akkus

Wenn neben der Spannungsbegrenzung zusätzlich noch eine Strombegrenzung gewünscht wird (z. B. bei Pb-Gel- oder Lithium-Akkus), leistet der in Schaltung 12.1.1-f gezeigte Baustein L 200 gute Dienste. Aufgrund der hinreichend großen Spannungskonstanz ist dieser Regler auch als Spannungsbegrenzer für die Ladung von Li-Akkus geeignet. Voraussetzung ist der exakte Abgleich der spannungsbestimmenden Widerstände (R_{ref}) Der zulässige Maximalstrom beträgt 2 A. Die Eingangsspannung sollte mindestens 3 V über dem jeweiligen Wert der Ausgangsspannung liegen.

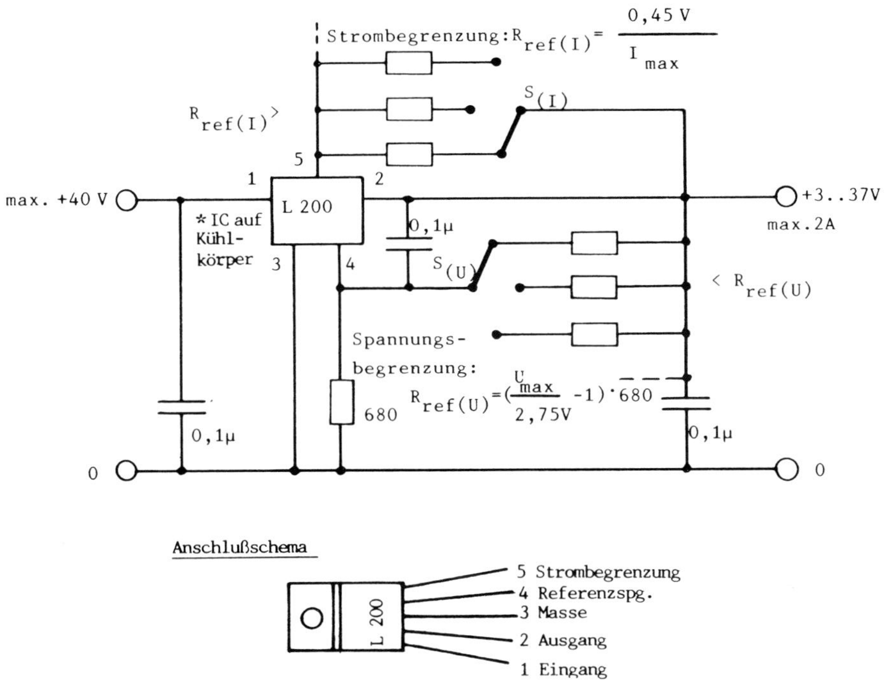

12.1.1-f Spannungs- und Strombegrenzung

Eine vergleichbare Funktion übernimmt ein Baustein aus dem Programm von Conrad Electronic. Das automatische Lademodul mit einstellbarer Strombegrenzung kann mittels zweier Mehrgangpotis exakt auf eine Ausgangsspannung von 1,2 bis 20 V eingestellt werden. Dabei darf die Eingangsspannung des Bausteins 4 bis 24 V betragen; sie muss jedoch mindestens 3 V höher als der eingestellte Ausgangswert liegen. Gleichzeitig lässt sich der Ausgangsstrom auf 10 bis 600 mA begrenzen. Das Modul eignet sich zur Ladung kleiner Pb-Akkus, ist aber auch bei genauer Einstellung der Ladeschluss-Spannungswerte für Lithium-Akkus verwendbar.

Häufig bieten handelsübliche Ladegeräte auch eine Entladefunktion an. Meist jedoch sind die damit realisierbaren Entladeströme zu klein, um aussagekräftige Testentladungen bei Hochstromakkus durchführen zu können. Um Entladungen mit

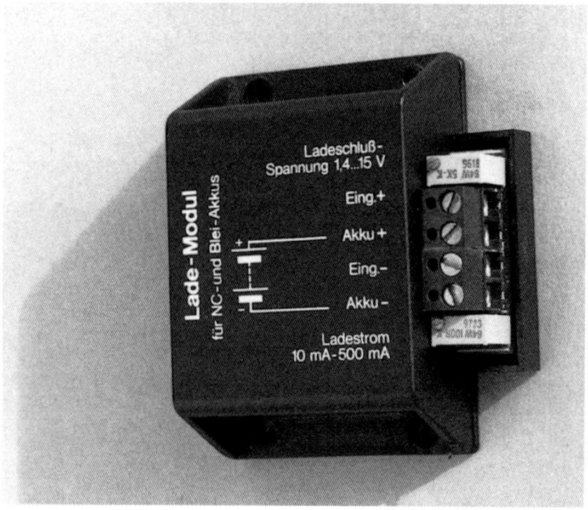

12.1.1-1
Lademodul von Conrad Electronic (Best.-Nr. 191396-62) lässt eine präzise Spannungs- und Strombegrenzung zu

Konstantströmen von mehr als 5 A zu ermöglichen, wurde die Stromsenke nach Abb. 12.1.1-g entwickelt, bei der ein Operationsverstärker die Regelung übernimmt. Sie benutzt einen N-Kanal-Power-MOSFET (auch ältere Typen wie BUZ 11 usw. einsetzbar) als Entladelast. Optimal gekühlt können diese Transistoren mit ca. 50 W dauerbelastet werden. Bei höherer Entladeleistung (Akkuspannung × Entladestrom) können problemlos n-MOSFETs parallel geschaltet werden. In diesem Fall sind zwecks besserer Lastverteilung die gestrichelt gezeichneten Widerstände mit einzufügen. Durch den Einsatz von Kühlventilatoren lässt sich die Verlustleistung beträchtlich steigern. Es empfiehlt sich das Einschleifen einer Kfz-Sicherung in die Drainleitung (wirkt zusammen mit der eingebauten Inversdiode von $T_{1 \ldots n}$ auch als Verpolschutz).

An P lässt sich der gewünschte Entladestrom einstellen. Bei der angegebenen Dimensionierung reicht der Strombereich von 0 bis ca. 20 A. Höhere Werte sind

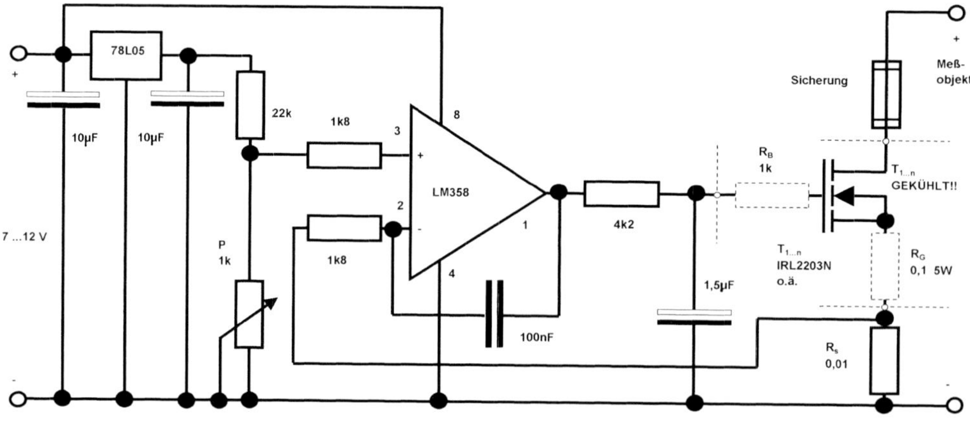

12.1.1-g

durch Verkleinern des Vorwiderstands (22 k) möglich. Eine Hilfsspannung von 7 bis 12 V macht die Regelschaltung von der Zellenzahl des zu messenden Akkus unabhängig.

Für die Ladung großer 12-V-Bleibatterien bedient man sich am besten sogenannter Netzteile mit einer fest eingestellten Ausgangsspannung von 13,6 bis 14,0 V.

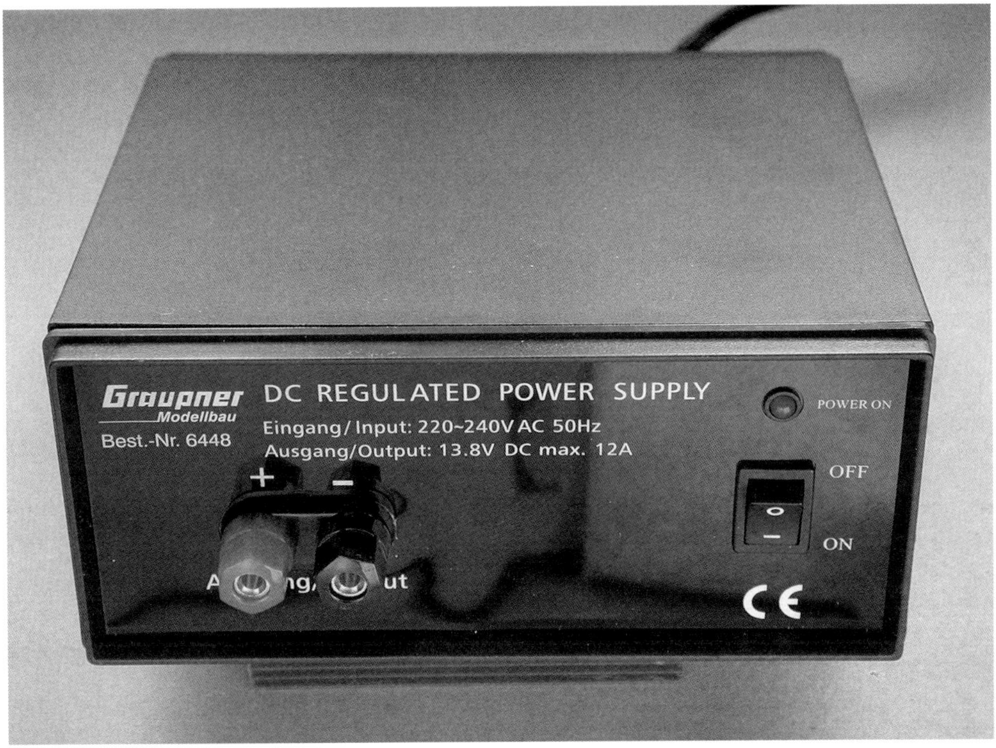

12.1.1-2 Graupner-Schaltnetzteil 13,8 V, 7 bis 12 A, Best.-Nr. 6448, nicht nur zum Laden von 12-V-Bleiakkus. Der Wirkungsgrad solcher Geräte liegt bei 85 bis 90%

12.2 Universalladegeräte

Schon immer war es der Wunsch vieler Anwender, mit einem Gerät alle Sorten von Akkus laden zu können. Lange war es den Technikern verwehrt geblieben, diese Wünsche auf einfache Weise und damit hinreichend kostengünstig zu realisieren. Sogenannte Universallader entpuppten sich bis Anfang der 90er-Jahre nicht selten als jämmerliche Kompromisslösungen. Dies änderte sich mit dem Einzug intelligenter Elektronik in die Ladetechnik. Diese wird seitdem durch die Mikroprozessortechnologie einschneidend geprägt und schaltungstechnisch verändert. Vollerkennungsmethoden wie beispielsweise Delta-Peak bei NiCd- und NiMH-Akkus stützen sich nicht länger auf analogtechnischen Schaltungen ab (siehe 7.5.4.3 b), die bisweilen nicht unerheblichen Einstellungs- und Wartungsaufwand erforderten. Sie sind durch digitale Signalverarbeitung fast beliebig variierbar und haben zudem an Verlässlichkeit und Langzeitkonstanz gewonnen.

Somit hat der Einsatz von digital arbeitenden Mikroprozessoren erst jene Einsatzbandbreite ermöglicht, welche dem Attribut „Universal" seine Berechtigung verleiht. Es ist durch digitale Signalverarbeitung möglich, mit den wenigen Messgrößen Spannung, Strom und (vielleicht noch) Temperatur eine Ladelogik zu steuern, die alle gängigen Akkutypen von Pb über NiCd und NiMH bis hinzu sämtlichen Varianten des Li-Akkus zuverlässig laden und überwachen kann.

Grundsätzlich arbeiten diese Geräte nach dem Muster von 12.2-a.

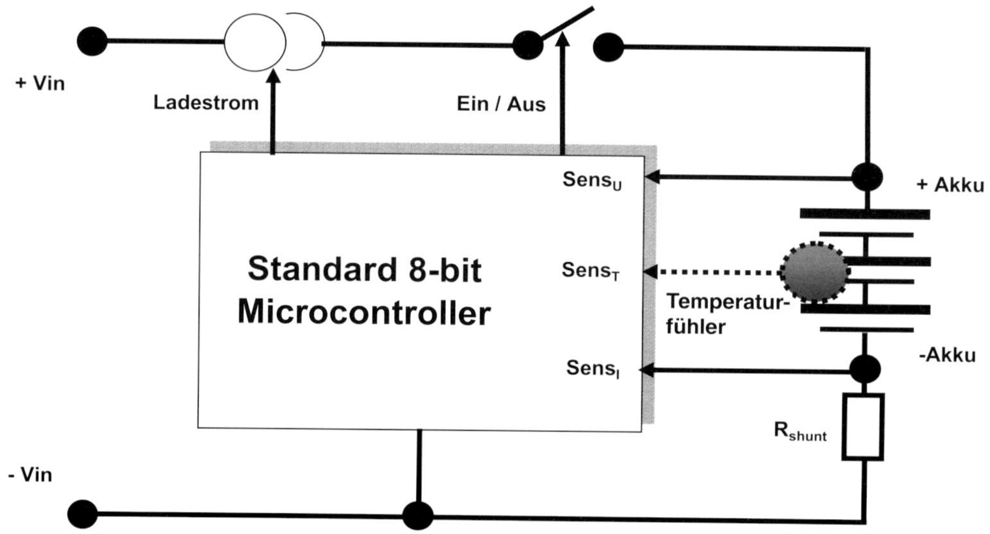

12.2-a

Ergänzt werden kann die Überwachung der Eingangsgrößen noch durch einen eingebauten Sicherheitstimer, der die Ladung in jedem Fall nach Ablauf einer vorwählbaren Zeit beendet.

Und selbstverständlich ist „nur laden" nicht alles, was so ein Gerät kann. Hinzu kommen vielfältig variierbare Programme, welche momentan nicht gebrauchte Akkus „bei Laune" halten oder wieder fit machen sollen. Hier allerdings klaffen Anspruch und (Akku-)Wirklichkeit nicht selten auseinander. Es soll hier die Warnung genügen, dass viele dieser Programme – wenn Diagnose und Dosis nicht stimmen – oft mehr schaden als nutzen.

Ein typischer Vertreter dieser Sparte ist der Charge Manager 2010 von Conrad Electronic. Er verfügt über vier Ladebuchsen für Akkuzellen aller im Konsumerbereich gängigen Größen (AAA bis D), ein großes, vierzeiliges Display und nur einen

12.2-1
Charge Manager von Conrad Electronic. Nur ein Bedienknopf reicht für alle Funktionen! (Best.-Nr. 512265-62)

einzigen Bedienknopf. Zwei eingebaute Ventilatoren sorgen für kühle Innereien, sodass mit bis zu 2 A (gepulst) geladen werden kann. Die Ladung erfolgt automatisch oder mit manueller Stromwahl, wobei im letzteren Fall kürzere Lade-/Entladezeiten erreicht werden.

Die einstellbaren Ladeprogramme für NiCd- und NiMH-Akkus (ein fälschliches „Unterschieben" von Primärzellen wird sofort erkannt!) sehen wie folgt aus:

- CHARGE laden
- DISCHARGE entladen
- CHECK entladen – laden
- CYCLE laden – entladen – laden
- ALIVE laden – entladen – laden – entladen – laden.

Die letzten beiden Programme dienen der Formierung neuer bzw. der Auffrischung länger gelagerter Zellen und sind damit typische Pflegeprogramme.

Da dieser Lader nur Einzelzellen bedient, ist die Nutzung dieser Programme durchaus sinnvoll. Problematisch kann es beispielsweise sein, mehrzellige Batterien, bei denen sich die Einzelzellen nicht mehr in adäquatem Ladezustand befinden, zuerst zu entladen, da einzelnen Zellen so die Gefahr einer Tiefentladung droht.

Der einzige Bedienknopf hilft aber auch, über das Display Akkudaten (Spannung, Strom, eingeladene bzw. entnommene Ladung) sichtbar zu machen.

12.2.1 Mobil einsetzbare Universallader

Solche Geräte sind im Bereich der Freilufthobbys sehr beliebt. Sie ermöglichen es, Antriebsbatterien von Tauch- oder Fotolampen, Fernsteueranlagen, Flugzeug-, Schiffs- und Fahrzeugmodellen zu laden, wo kein Netzanschluss existiert. Die Energie kommt aus großen 12-V-Bleibatterien. Nicht selten wird der Starterakku eines Pkw für diese Zwecke „missbraucht". Bei entsprechend hohem Energiebedarf kann es sinnvoll sein, diesen Energiespeicher mit Solarzellen oder (weniger umweltfreundlich) durch den Stromgenerator (Lichtmaschine) zu stützen.

In der Modelltechnik hat sich der mobile Universallader durchgesetzt. Da vielfach Akkus mit höherer Spannung geladen werden müssen, zählen Geräte mit eingebautem Gleichspannungswandler (DC/DC-Wandler) heute zum Standard. Hierbei kommen Sperrwandler nach 12.2.1-a infrage. Es handelt sich im Beispiel um einen sogenannten Aufwärtswandler (Hochsetzsteller oder Step-up-Wandler), der die Eingangsspannungen von 11 bis 15 V anwendungstypisch auf Werte bis zu 60 V hochtransformiert.

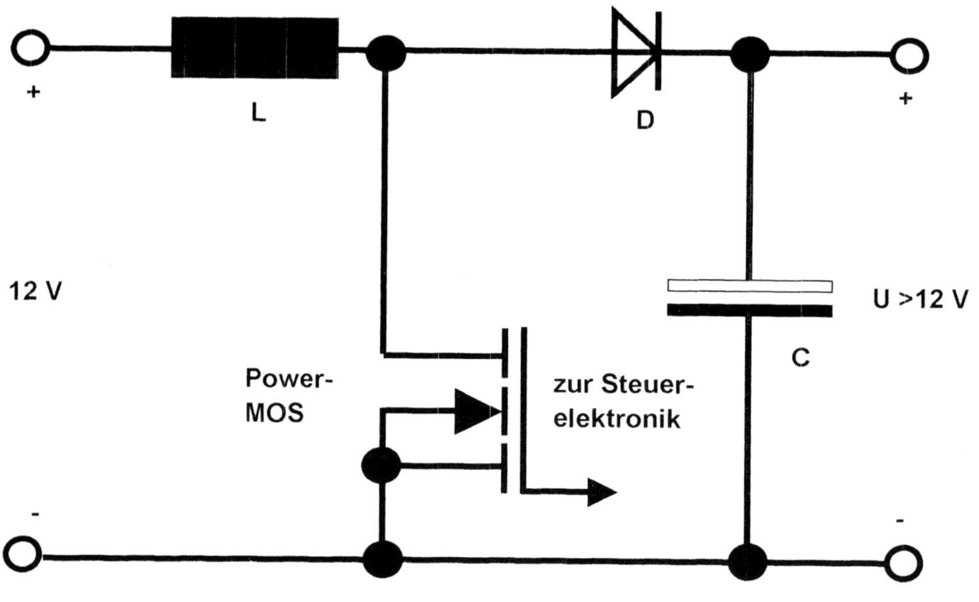

12.2.1-a

Als Energielieferant dient gewöhnlich eine 12-V-Bleibatterie, die über eine ausreichende Belastbarkeit verfügen sollte. Es wird empfohlen, Starterbatterien mit mindestens 36 Ah, besser mit mehr als 70 Ah zu verwenden. Alternativ kann die Versorgung auch aus einem leistungsfähigen (Schalt-)Netzteil erfolgen, das sich aus dem 230-V-Netz speist. Da die Spannungswandler der Ladegeräte gewöhnlich einen etwa 90%igen Wirkungsgrad aufweisen, müssen die Geräte, falls beispielsweise

12 LiPos (bis ca. 50 V) mit 5 A aufgeladen werden, aus einer 12-V-Spannungsquelle ca. 23 A aufnehmen. Mit fallender Speisespannung steigt der Stromverbrauch weiter. Kleinen Starterbatterien ist dies auf Dauer nicht zuzumuten! Besser geeignet, weil zyklenfest, sind hier sogenannte Pb-Traktionsbatterien. Wegen der hohen Ströme sollten die Ladegeräte nicht an die Zigarettenanzünderbuchse angeschlossen werden. Üblicherweise werden von den Herstellern zum Direktanschluss an die Batteriepole geeignete Greifklemmen mitgeliefert. Bei einer versehentlichen Falschpolung kann nichts passieren, da alle Geräte zumindest eingangsseitig verpolungsgeschützt sind. Auch schützen standardmäßig im Lader eingebaute Spannungswächter den speisenden Bleiakku vor schädlicher Tiefentladung. Meist ist die Spannungsschwelle, bei der eine akustische Warnung und kurze Zeit später die Abschaltung erfolgt, in einem Bereich zwischen 10,0 und 11,5 V verstellbar.

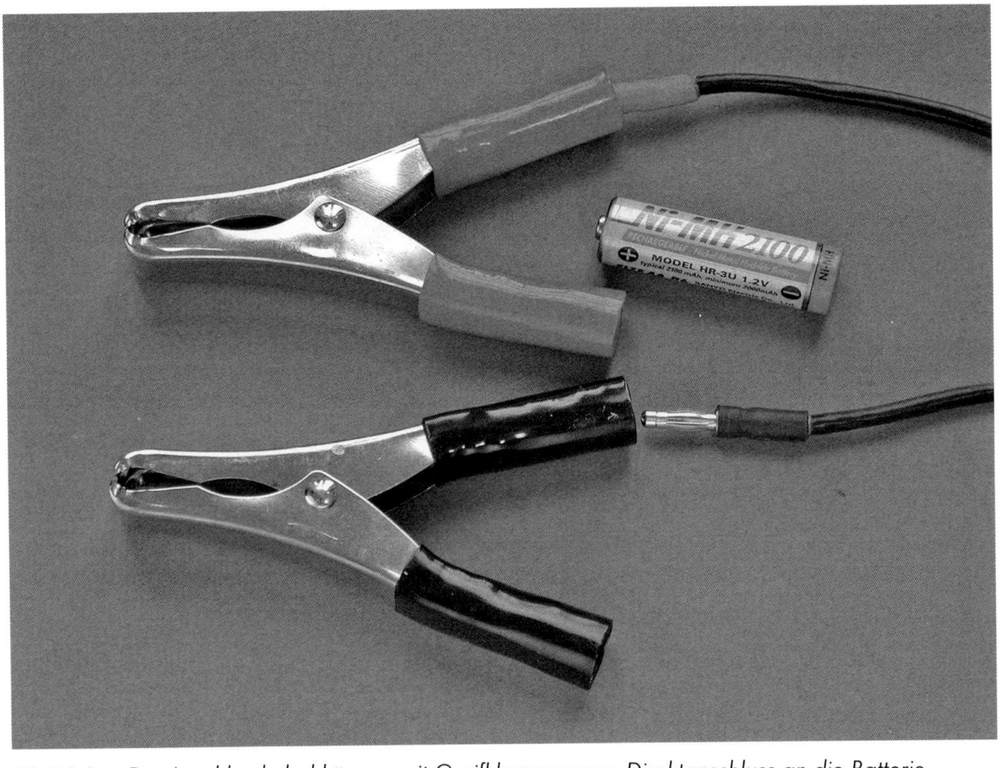

12.2.1-1 *Die Anschlusskabel können mit Greifklemmen zum Direktanschluss an die Batterie verbunden werden*

Da Li-Akkus wegen ihrer geringen Selbstentladung gerne auch zu Hause schon (vor-)geladen werden, kommen neuerdings vermehrt auch Geräte auf den Markt, die zusätzlich zum 12-V-Gleichstromanschluss noch ein 230V-Schaltnetzteil eingebaut haben. Zudem sind – der rasch wachsenden Bedeutung von Li-Akkus entsprechend – auch bereits reine „Lithium-Lader" im Angebot.

Die überwiegende Mehrzahl von Universalladegeräten der neuesten Generation ist jedoch zum Aufladen und Pflegen aller in der Modelltechnik bedeutsamen Akkutypen wie Pb, NiCd, NiMH, LiIon, LiPo und LiFe geeignet. Die entsprechenden Ladeprogramme sind über ein displayunterstütztes Tastenfeld abrufbar. Oft ist die Ansprechempfindlichkeit für die $-\Delta U$-Abschaltautomatik von NiCd- und NiMH-Akkus einstellbar. Das bei einigen Geräten sogar graphikfähige Display dient gleichzeitig als Datenmonitor. Zudem verfügen die Geräte immer häufiger über eine PC-Schnittstelle (Schnittstellenkabel und entsprechende Software zumeist inkludiert), über die sich die Prozesse abspeichern, bearbeiten und visualisieren lassen.

Dank immer leistungsfähiger gewordener Miniprozessoren halten die Programmspeicher neben der Grundfunktion „laden" auch noch zahlreiche andere Features wie beispielsweise „entladen" (Kapazitätstest), „formieren" etc. bereit. Wie weiter oben schon erwähnt, bleibt es leider immer noch allzu oft dem Anwender überlassen, hier das Machbare vom Nutzvollen zu trennen. Letzterem zuzurechnen ist fraglos auch ein zweiter Ladeausgang, an dem sich (ohne Spannungswandlerunterstützung) zeitgleich noch Empfänger- oder Senderakkus mit 4 bis 6 (8) Ni-Zellen laden lassen. Wünsche der Nutzer nach logisch intuitiver Bedienbarkeit der Ladegeräte müssen bei einigen der nachfolgend vorgestellten Geräte zurzeit leider noch offenbleiben.

Preisdifferenzen bei den Geräten rühren primär von unterschiedlichen Ladeleistungen her. Geräte der Basis-Preisklasse sind mit Spannungswandlern ausgestattet, die ausgangsseitig ca. 50 Watt leisten. Damit lassen sich üblicherweise bis zu 14 (16) Ni-Zellen, 5 (6) Li-Akkus und bis zu 8-zellige Bleiakkus mit bis zu 5 A (!) laden. Bewegt man sich allerdings im oberen Bereich der als möglich benannten Zellenzahlen, so steht physikalisch bedingt nicht mehr der volle Ladestrom zur Verfügung.

$$\mathbf{I_{lad\ max} = P_{out\ Wandler}/U_{lad}}$$

Bei 5 LiPos (Ladeschluss-Spannung 21 V) beträgt der höchstmögliche Ladestrom in der strombegrenzten Ladephase somit nur noch ca. 2,4 A. Das kann die Ladezeit schon erheblich verlängern.

Für Ladegeräte, die beispielsweise bis zu 10 LiIon bzw. LiPos (entspr. bis zu 30 Ni-Zellen) in Serie mit Strömen von 7 bis zu 10 A zu laden vermögen, stellt daher eine Ladeleistung von 120 bis 150 W wirklich keinen Luxus dar. Geräte der Premiumklasse, ladebereit bis 12 oder gar 14 Li-(entspr. 32 bis 36 Ni-)Serienzellen, sollten über eine Wandlerleistung von mindestens 200 W verfügen. Inwieweit es Sinn hat, in noch höhere Leistungsbereiche vorzudringen, hängt mehr von der Verfügbarkeit entsprechend belastbarer Speisestromquellen ab.

Auch das Laden von Batterien mit sehr kleiner Zellenzahl (U_{lad} < 12 V) kann übrigens eine thermische Belastung des Laders verursachen, dann nämlich, wenn die Spannungsdifferenz zwischen 12 V und der Ladespannung bei gleichzeitig hohem

12.2.1-2 *Ein Blick auf die Technik des sehr leistungsfähigen Universalladers Pulsar 2 mit 250 W Wandlerleistung. Der Ringkern links dient sowohl der Step-up- wie auch der Step-down-Wandlung. Der Ventilator (rechts) ist temperaturgesteuert. Das Gerät kann beim Entladen Energie in die Quelle zurückspeisen*

Ladestrom an einem Serienregler „verbraten" wird. Hier sind Geräte mit umkehrbarem Spannungswandler (Step-up-/Step-down-Wandler) im Vorteil.

Zuweilen besteht der Wunsch, die Akkus mittels Ladegerät auch gezielt entladen zu können. Die Entladeleistung der Geräte hängt davon ab, wie die dabei anfallende Verlustleistung verarbeitet werden kann. Einfache Laderkonzepte, welche die Entladeleistung lediglich über ein rückseitig angebrachtes Kühlblech abstrahlen (dann üblicherweise 5 bis 10 W), sind – namentlich bei höherer Batteriespannung – nur zu sehr bescheidenen Entladeströmen fähig, die oftmals weit unter den praxisüblichen Werten liegen. Der diagnostische Nutzen solcher Probeentladungen hält sich, auch wenn nur als Kapazitätstest angelegt, sehr in Grenzen.

Durch Ventilatorunterstützung gelingt es jedoch, Verlustleistungen bis > 100 W „wegzubekommen". Schön, wenn diese „Windmaschinen" temperaturgesteuert und drehzahlgeregelt sind, um nicht unnötig Radau zu produzieren.

Eine funktional, energietechnisch wie auch ökologisch optimale Lösung stellt der Entladebetrieb mit ***Energierückspeisung*** dar. Hier muss allerdings zwingend eine großkapazitive, noch nicht vollgeladene 12V-Batterie als „Energieauffangbecken" zur Verfügung stehen (ergo nicht möglich bei Netzteilbetrieb). Zu diesem Zweck wird der eingebaute Spannungswandler quasi rumgedreht. Auf diese Weise steht mit dem Ladegerät zusätzlich eine leistungsstarke (Konstant-)Stromsenke zur Verfügung, mit der auch Akkus auf ihre Leistungsfähigkeit hin getestet werden können, indem man sie bis zu einer vorwählbaren Spannungsgrenze entlädt. Wenn es sich dabei um Li-Akkus handelt, ist allerdings eine Einzelzellenüberwachung (bei manchen Ladern via Equalizer möglich) sehr dringend anzuraten! Etwas eingeschränkt gilt dies auch für die Entladung nicht formierter Ni-Packs.

12.3 Erhöhte Bediensicherheit für Lithium-Lader

Während die moderne Ladetechnik bei Ni-Akkus nahezu alle relevanten Ladeparameter automatisch ermitteln kann, ist sie bei allen Lithium-Akkus zwingend auf die korrekte Eingabe folgender drei Parameter durch den Bediener angewiesen:

- Li-Akku-Typ (LiIon, LiPo oder LiFe)
- Zellenzahl
- Akkukapazität bzw. Anfangsladestrom

Da hier im zuweilen hektischen Ladealltag Eingabefehler niemals ganz auszuschließen sind, sann man frühzeitig nach Methoden, die folgenschwere Bedienungsfehler ausschließen bzw. wenigstens weitgehend unwahrscheinlich machen. Eingeführt sind derzeit folgende Systeme:

- Akku- bzw. Modellspeicher
- BID-System (robbe)
- BalCab-System (Schulze Elektronik)

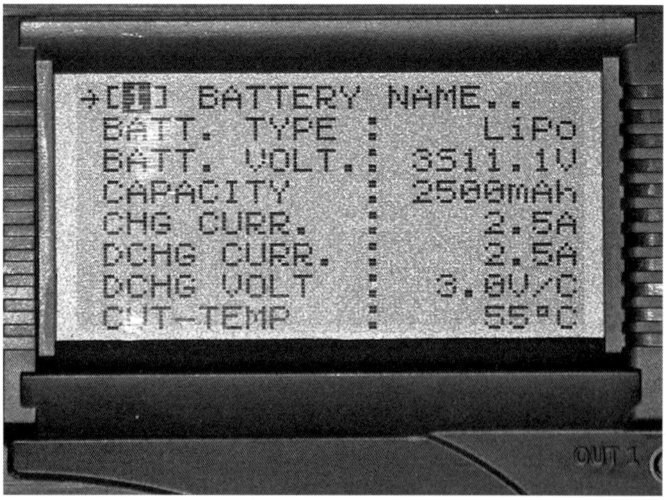

12.3-1
Neben der Speichernummer [1] kann beim robbe-Power Peak Infinity 3 auch der Batterie-(oder Modell-)Name eingegeben werden

Im ersten Fall hält der Programmteil des Laders eine bestimmte Anzahl von Speicherplätzen bereit, in denen die Ladeparameter der in Gebrauch befindlichen Akkus abgespeichert und bei der Ladung wieder abgerufen werden können. So liegen die Ladeparameter – wenn einmal richtig eingegeben – fest. Um eine Verwechslung der Speicherplätze zusätzlich zu erschweren, können bei einigen Systemen nicht nur die Akkunummer, sondern beispielsweise auch ein zugehöriger Modellname mit eingegeben werden.

Das robbe-BID-(***B**atterie **ID**entifikation-)System bedient sich eines kaum fingernagelgroßen Chips, welcher dem Akku fest zugeordnet und bei der Ladung mit der entsprechenden Laderschnittstelle verbunden wird. In diesem Speicherbaustein können in einem vorausgehenden Programmierschritt (menügeführt über das Ladegerät) alle für die Ladung relevanten Daten gespeichert werden. Einmal richtig programmiert, sind dann Ladefehler sicher ausgeschlossen. Als Zugabe liefert der BID-Chip dann noch jederzeit abrufbar die Akkuhistorie, beginnend beim Inbetriebnahmedatum bis hin zu interessanten Lade- und Entladedaten (Zyklenzahl, erreichte Kapazitätswerte).

12.3-2 BID-Chip im Größenvergleich zu einem USB-Stecker

Das BalCab-(***Bal**ancer **Cab**le-)System von Schulze schließlich setzt auf eine Hardware-Programmierung. Dazu ist vom Nutzer vorab ein spezielles Ladekabel zu konfektionieren. Durch eine Signalader wird dem Lader der jeweilige Akkutyp angezeigt. Die Ladestromhöhe erfährt das System über eine Widerstandskodierung (Trimmpoti oder eingelöteter Festwiderstand) und die Zellenzahl wird durch die Anzahl der kontaktierten Einzelzellenabgriffe signalisiert. Nur Schulze-Ladegeräte

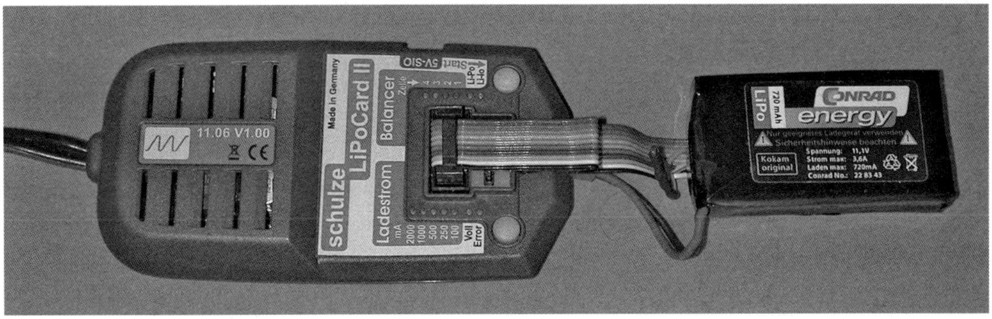

12.3-3 Das Schulze-Ladesystem basiert auf Hardwareeinstellung

der neuesten Generation (z. B. LiPoCard- oder next-Generation-Serien) sind mit entsprechenden Schnittstellen-Steckerleisten ausgestattet.

Neben der Bediensicherheit ist gerade in der Lithium-Ladepraxis auch Transparenz von großem Wert. Die meisten modern konzipierten Systeme sind daher so ausgelegt, dass sie zusammen mit der notwendigen Einzelzellenüberwachung (Equalizer) auch die „aus der Reihe tanzenden" Zellen identifizieren (durch entsprechend zugeordnete LEDs) und auf Nutzerwunsch sogar die genauen Spannungswerte der Einzelzellen auf dem Display anzeigen können.

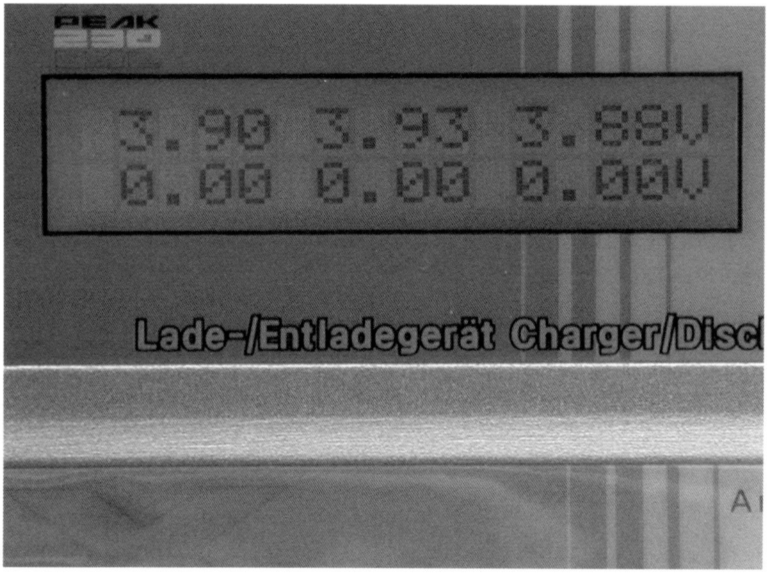

12.3-4
Bis zu sechs Einzelzellenspannungen sind auf diesem X-PEAK-PREMIUM-Display gleichzeitig ablesbar

Zunehmend gehen die Hersteller dazu über, die Equalizer für Li-Akkus direkt in das Gerät einzubauen. Die damit verbundenen Vorzüge sind evident.

12.3-5 LiPo mit BID-Chip

12.4 Marktübersicht mobil einsetzbarer Modellbauladegeräte

Im Folgenden werden markttypische Mobil-Modellbauladegeräte vorgestellt und in knapper Form beschrieben. Die Auswahl kann nur beispielhaft sein.

Power Peak Compact BID

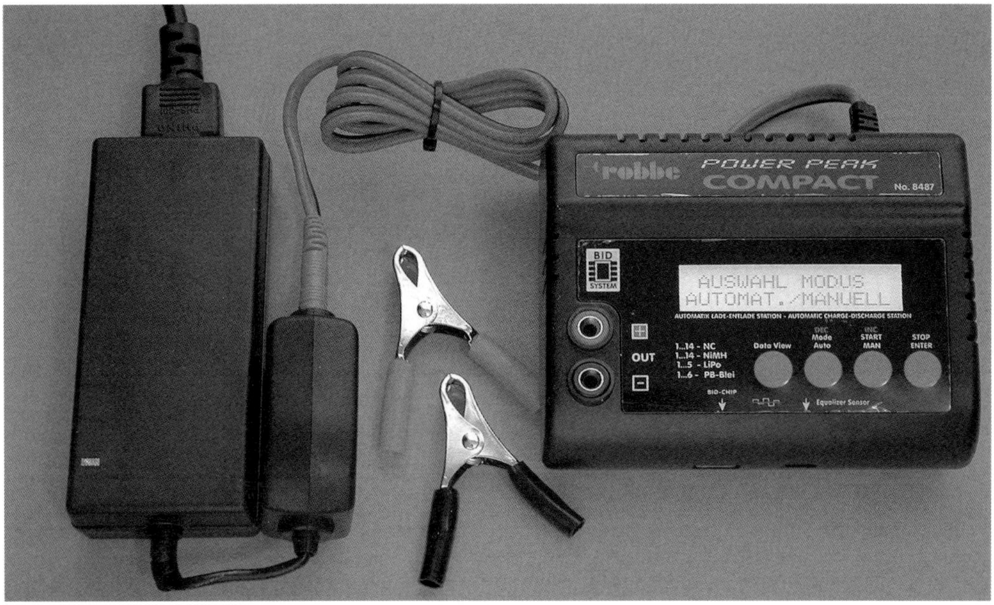

12.4-1

Kurzbeschreibung: Einfaches, preisgünstiges 12V-Ladegerät mit ansteckbarem 5-A-Schaltnetzteil für stationären und mobilen Betrieb. Vorgerüstet für den Anschluss von BID-Sicherheitschips. Bedienung über vier Drucktasten, ziemlich einarbeitungsbedürftig

Vertriebsfirma	robbe Modellsport GmbH & Co. KG
Versorgungsspannung	10 bis 15 V DC
Wandlerleistung	max. 50 W
Zahl der Ausgänge	1
Lademöglichkeiten	1 bis 14 Zellen NiCd/NiMH 1 bis 5 Zellen LiIon/LiPo 1 bis 6 Zellen Pb
Max. Ladestrom	5 A
Entlademöglichkeiten	max. 1 A bis 5 W
Beiliegendes Zubehör	Polklemmen, 5-A-Schaltnetzteil
Besonderheiten:	10 frei programmierbare Speicher o Buchse für BID-Sicherheitschip o 2-zeiliges (je 16 Zeichen) Display o Einzelzellenspannungsanzeige bei angestecktem Equalizer o Ni-Ladung mit manueller oder automatischer Stromwahl o Formierung mit einstellbarer Zyklenzahl o Festgelegte Delta-Peak-Empfindlichkeit o Ausführliche Bedienungsanleitung (unverzichtbar) auf beiliegender CD
Empfehlenswertes Zubehör	Equalizer 6S (Nr. 8488) BID-Chip mit Kabel (Nr. 8473).

X-Peak 230 BAL

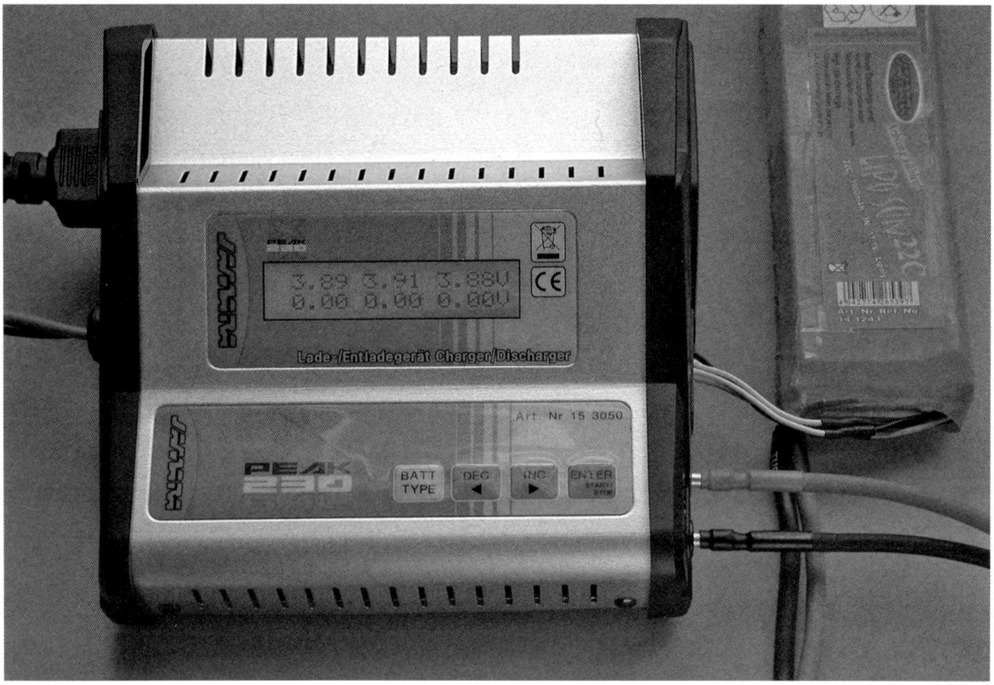

12.4-2

Kurzbeschreibung: Einfaches, preisgünstiges 12V-Ladegerät mit integriertem 230-V-Schaltnetzteil für stationären und mobilen Betrieb. Bedienung über vier Drucktasten, einfach und intuitiv möglich. 6-Zellen-Equalizer ist bereits fest eingebaut. Für alle im Modellbau gängigen Akkutypen geeignet.

Vertriebsfirma	Jamara Modelltechnik
Versorgungsspannung	11 bis 15 V DC oder 230 V AC
Wandlerleistung	max. 50 W
Zahl der Ausgänge	1
Lademöglichkeiten	1 bis 14 Zellen NiCd/NiMH 1 bis 6 Zellen LiIon/LiPo 1 bis 6 Zellen LiFe 1 bis 6 Zellen Pb
Max. Ladestrom	5 A
Entlademöglichkeiten	max. 1 A bis ca. 20 W
Beiliegendes Zubehör	230-V-Netzkabel
Besonderheiten	Eingebauter Equalizer für max. 6 Li-Zellen o 2-zeiliges (je 16 Zeichen) Display o Einzelzellenspannungsanzeige o Ni-Ladung mit nur manueller Stromwahl o Einstellbare Delta-Peak-Empfindlichkeit o Formierung mit einstellbarer Zyklenzahl o Temperaturgesteuerter Lüfter o Auch mit Step-down-Wandlerfunktion
Empfehlenswertes Zubehör	alles Nötige schon eingebaut.

Ultramat 17

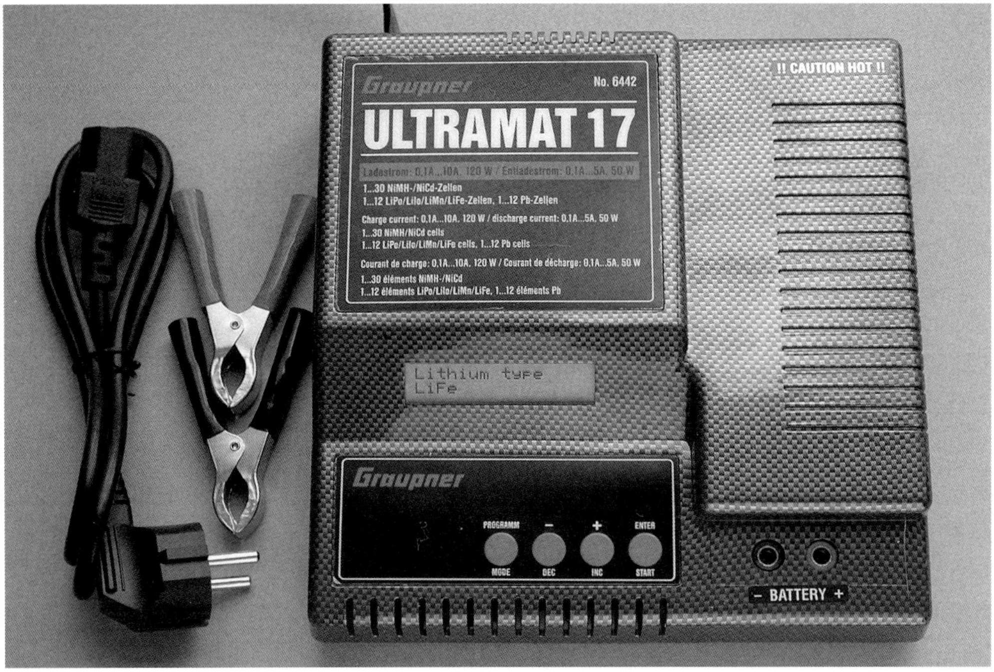

12.4-3

Kurzbeschreibung: Einfaches 12V-Ladegerät mit integriertem 230-V-Schaltnetzteil für stationären und mobilen Betrieb. Mittlere Preis- und Leistungsklasse. Bedienung über vier Drucktasten, einfach und intuitiv möglich. Für alle im Modellbau gängigen Akkutypen geeignet. Keine Möglichkeit der Einzelspannungsdarstellung, kein Equalizeranschluss vorhanden.

Vertriebsfirma	Graupner GmbH & Co. KG
Versorgungsspannung	11 bis 15 V DC bzw. 230 V AC
Wandlerleistung	max. 120 W
Zahl der Ausgänge	1
Lademöglichkeiten	
Ausgang 1	1 bis 30 Zellen NiCd/NiMH 1 bis 12 Zellen LiIon/LiPo/LiFe 1 ,2, 3, 6 sowie 12 Zellen Pb
Max. Ladestrom	10 A
Entlademöglichkeiten	max. 5 A bis 50 W
Beiliegendes Zubehör	Kräftige Polklemmen, Netzkabel
Besonderheiten	
	o 2-zeiliges (je 16 Zeichen) Display o Ni-Ladung mit manueller oder automatischer Stromwahl o Softstartfunktion o Formierung mit einstellbarer Zyklenzahl o Temperaturgesteuerter Lüfter o Einstellbare Delta-Peak-Empfindlichkeit o Auch mit Step-down-Wandlerfunktion
Empfehlenswertes Zubehör	Limiter oder Equalizer beliebiger Provenienz.

X-Peak Premium

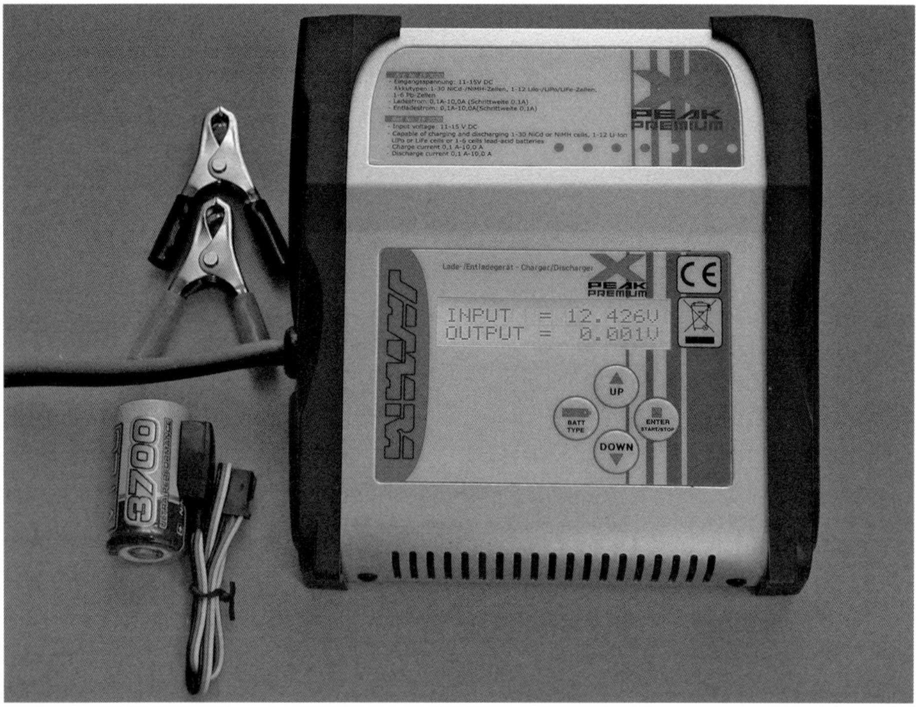

12.4-4

Kurzbeschreibung: Gut bedienbares 12V-Ladegerät für mobilen Betrieb, auch wenn einige Features aufgrund einer wenig hilfreichen Betriebsanleitung etwas umständlich erscheinen. Gehobene Preis- und Leistungsklasse. Für alle im Modellbau gängigen Akkutypen geeignet. Mit Equalizeranschluss.

Vertriebsfirma	Jamara Modelltechnik
Versorgungsspannung	11 bis 15 V DC
Wandlerleistung	max. 150 W
Zahl der Ausgänge	1
Lademöglichkeiten	1 bis 30 Zellen NiCd/NiMH 1 bis 12 Zellen Lilon/LiPo 1 bis 12 Zellen LiFe 1 bis 6 Zellen Pb
Max. Ladestrom	10 A
Entlademöglichkeiten	max. 5 A bis 50 W durch Ventilator
Beiliegendes Zubehör	Polklemmen, magnetisch haftender Temperaturfühler
Besonderheiten	10 frei programmierbare Speicher o 2-zeiliges (je 16 Zeichen) Display o Einzelzellenspannungsanzeige bei angestecktem Equalizer o Ni-Ladung mit manueller oder automatischer Stromwahl o Einstellbare Delta-Peak-Empfindlichkeit o Einstellbare Temperaturabschaltung o Formierung mit einstellbarer Zyklenzahl o Zwei temperaturgesteuerte Lüfter o Auch mit Step-down-Wandlerfunktion
Empfehlenswertes Zubehör	Intelli Balancer 6S (Nr. 153030) mit Network Cable kaskadierbar.

Power Peak Infinity 3

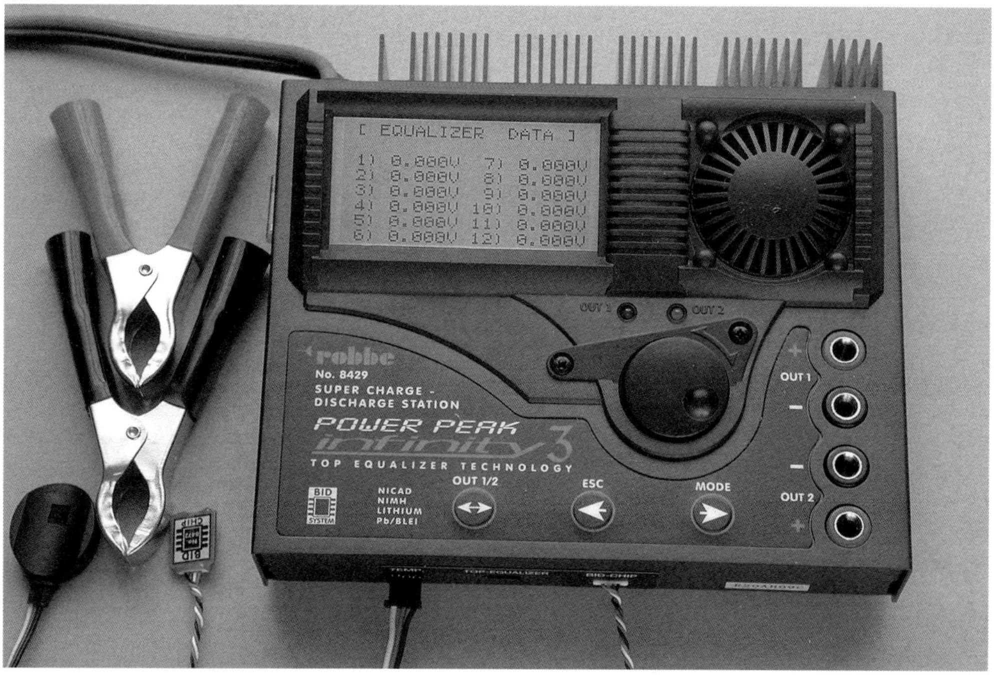

12.4-5

Kurzbeschreibung: Komfortables 12V-Ladegerät für mobilen Betrieb. Gehobene Preis- und Leistungsklasse. Vorgerüstet für BID-Sicherheitschip. Bedienung über drei Drucktasten und 3D-Drehknopf (sogenannter Hotkey, funktioniert ähnlich einer Computermaus) sehr komfortabel. Für alle im Modellbau gängigen Akkutypen geeignet. Equalizeranschluss. Temperaturgesteuerte Ladung von Ni-Akkus.

Vertriebsfirma	robbe Modellsport GmbH &Co. KG
Versorgungsspannung	10 bis 15 V DC
Wandlerleistung	max. 150 W - 180 W*
Zahl der Ausgänge	2
Lademöglichkeiten	
Ausgang 1	1 bis 30 Zellen NiCd/NiMH 1 bis 12 Zellen LiIon/LiPo 1 bis 12 Zellen LiFe 1 bis 6 und 12 Zellen Pb
Max. Ladestrom Ausg. 1	10 A
Ausgang 2	1 bis 8 Zellen NiCd/NiMH 1 bis 2 (3) Zellen LiIon/LiPo 1 bis 4 (5) Zellen Pb
Max. Ladestrom Ausg. 2	2 A
Entlademöglichkeiten	nur Ausgang 1, max. 5 A, bis 50 W dank temperaturgesteuertem Ventilator
Beiliegendes Zubehör	Polklemmen, magnetisch haftender Temperaturfühler
Besonderheiten	10 frei programmierbare Speicher o Schnittstelle für BID-Chip o 8-zeiliges, graphikfähiges, sehr gut lesbares Display

*) abhängig von der Ausgangsspannung

	o Einzelzellenspannungsanzeige bei angestecktem Equalizer (bis zu 12 Zellen auf einen Blick) o Leicht und intuitiv bedienbar via 3D-Hotkey und 3 Drucktasten o Ni-Ladung mit manueller oder automatischer Stromwahl o Einstellbare Delta-Peak-Empfindlichkeit o Einstellbare Temperaturabschaltung o Formierung mit einstellbarer Zyklenzahl o PC-Interface-Anschluss o Temperaturgesteuerter Lüfter o Auch mit Step-down-Wandlerfunktion
Empfehlenswertes Zubehör	Equalizer 6S (Nr. 8488) oder Equalizer 12S (Nr. 8484), BID-Chip mit Kabel (Nr. 8473).

Pulsar 2

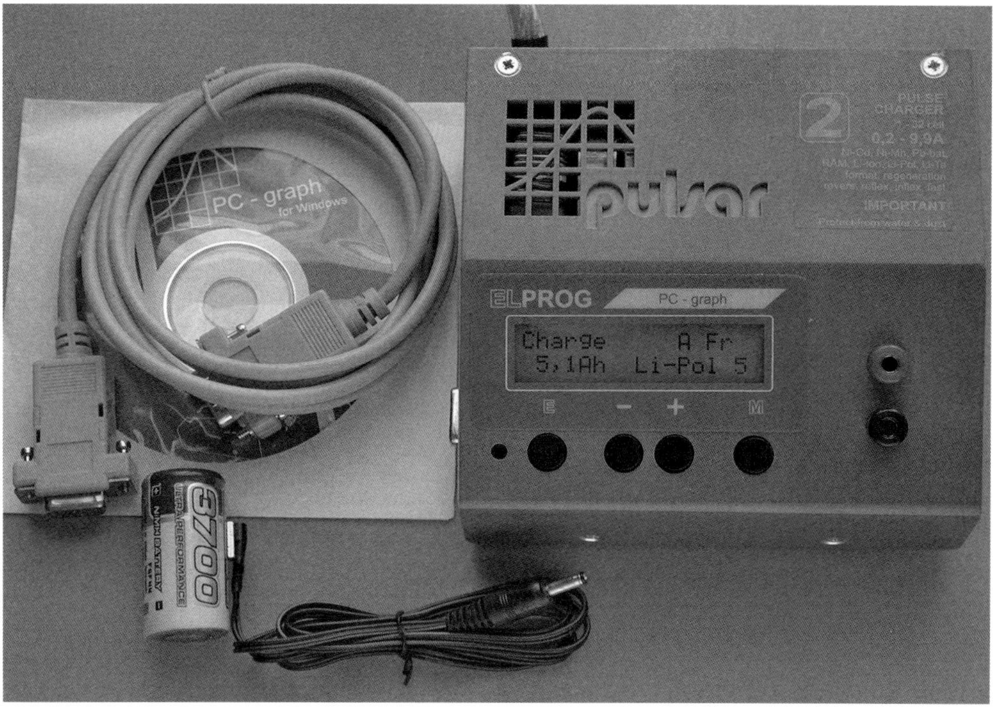

12.4-6

Kurzbeschreibung: Unkonventionelles 12V-Ladegerät für mobilen Betrieb. Obere Preis- und höchste Leistungsklasse. Für alle im Modellbau gängigen Akkutypen geeignet. Keine Möglichkeit der Einzelspannungsdarstellung via Equalizeranschluss. Vier-Tastenbedienung, unkonventionell, einarbeitungsbedürftig. Nicht ohne verführerischen Reiz präsentiert sich ein Lithium-Schnelllademodus. Bei diesem Pulsladeverfahren wird die Konstantstromphase über die 4,2-V-Grenze hinaus ausgedehnt, bis in den Pulspausen eine Ruhespannung von 4,2 V anliegt. Während der Strompulse steigt die Ladespannung teilweise über 4,3 V. Daher können keine Limiter angekoppelt werden und auch nur solche Equalizer, die bei Überschreitung von 4,2 V/Zelle nicht von sich aus abschalten. Vergleichsmessungen zeigten indes keinerlei Leistungsverbesserungen nach Li-Schnellladung, wohl aber eine Verkürzung der Ladedauer. Die Lebensdauerrelevanz dieses Ladeverfahrens ist noch ungeklärt.

Vertriebsfirma	PP-RC
Versorgungsspannung	10 bis 16 V DC
Wandlerleistung	max. 250 W
Zahl der Ausgänge	1
Lademöglichkeiten	
Ausgang 1	1 bis 32 Zellen NiCd/NiMH 1 bis 12 Zellen LiIon/LiPo 1 bis 18 Zellen Pb
Max. Ladestrom Ausg. 1	9,9 A
Entlademöglichkeiten	Nur Ausgang 1, max. 9,9 A bis 35 W durch Ventilator, bis 250 W durch Rückspeisung (nur mit Akku)
Beiliegendes Zubehör	Software auf beiliegender CD, RS 232-Datenkabel, magnetisch haftender Temperaturfühler

Besonderheiten	8 frei programmierbare Speicher o Unterspannungsabschaltung von 10 bis 11,5 V wählbar o Softstart (5-stufig) o 2-zeiliges (je 16 Zeichen) Display o Ni-Ladung nur mit manueller Stromwahl o Jeweils zweistufig einstellbare Delta-Peak-Empfindlichkeit für NiCd und NiMH o In den Ni-Programmen akkuschonende Gradientenabschaltung wählbar (Inflex) o Alle Ladeprogramme auch mit Entladeimpuls (Reflexladen) o Einstellbare Temperaturan- und -abschaltung o Formierung mit einstellbarer Zyklenzahl o Temperaturabhängig geregelter Lüfter o Auch mit Step-down-Wandlerfunktion
Empfehlenswertes Zubehör:	Equalizer für Li-Ladung.

nextGeneration 7.36-8 V 1.12

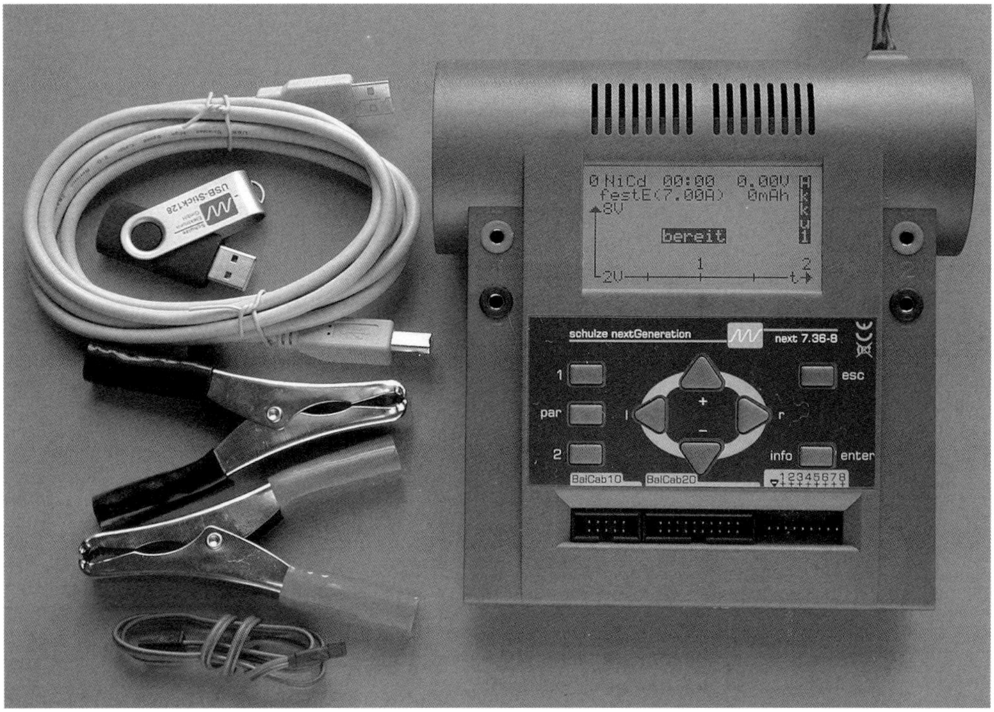

12.4-7

Kurzbeschreibung: 12V-Ladegerät für mobilen Betrieb mit vielen Möglichkeiten. Oberste Preis- und Leistungsklasse. Vorbildlich auch der Bedienkomfort; es stehen immerhin neun Bedientasten zur Verfügung; damit sehr individuelle Einstellmöglichkeiten. Gepulste Ladeerhaltung bei Ni-Ladung. Per USB-Stick beiliegende Auswertesoftware. Bis 25 V erweiterter Eingangsspannungsbereich (zwei Starterbatterien in Serie möglich).

Vertriebsfirma	Schulze Elektronik GmbH
Versorgungsspannung	10 bis 25 V DC
Wandlerleistung	max. 240 W
Zahl der Ausgänge	2
Lademöglichkeiten	
Ausgang 1	1* bis 36 Zellen NiCd/NiMH 1 bis 14 Zellen LiIon/LiPo 1 bis 16 Zellen LiFe 1 bis 23 Zellen Pb
Max. Ladestrom Ausg. 1	7 A
Ausgang 2	1* bis 6 Zellen NiCd/NiMH 1 bis 2 (3) Zellen LiIon/LiPo 1 bis 4 (5) Zellen Pb
Max. Ladestrom Ausg. 2	3 A
Entlademöglichkeiten	Nur Ausgang 1, max. 7 A bis 50 W durch Ventilator, bis 240 W durch Rückspeisen

*... -ΔU-Abschaltung kann bei 1 bis 3 Zellen kritisch werden.

Beiliegendes Zubehör	Kräftige Polzangen, Software auf USB-Stick, USB-Datenkabel, Temperaturfühler, 2-adr. Anschlussleitungen
Besonderheiten	14 frei programmierbare Speicher o Schnittstellen für BalCab o Equalizer, allerdings für nur 8 Li-Zellen (bis 0,8 A) eingebaut (Erweiterung auf 12 geplant) o 8-zeiliges, graphikfähiges Display mit hervorragender Lesbarkeit auch bei schwierigen Lichtverhältnissen o Einzelzellenspannungsanzeige bei aktiviertem Equalizer o Ni-Ladung mit manueller oder automatischer Stromwahl und einstellbarer Delta-Peak-Empfindlichkeit o Einstellbare Temperaturabschaltung o Formierung mit einstellbarer Zyklenzahl o Stromreduzierter Ladestart bei tiefentladenen Li-Akkus o USB-Schnittstelle o Temperaturgesteuerter Lüfter o Auch mit Step-downWandlerfunktion
Empfehlenswertes Zubehör:	LiPoProfiBal 14 zur Ausnutzung der vollen Li-Ladeleistung

Thunder Power Lithium/Polymer Super Charger TP 1010C

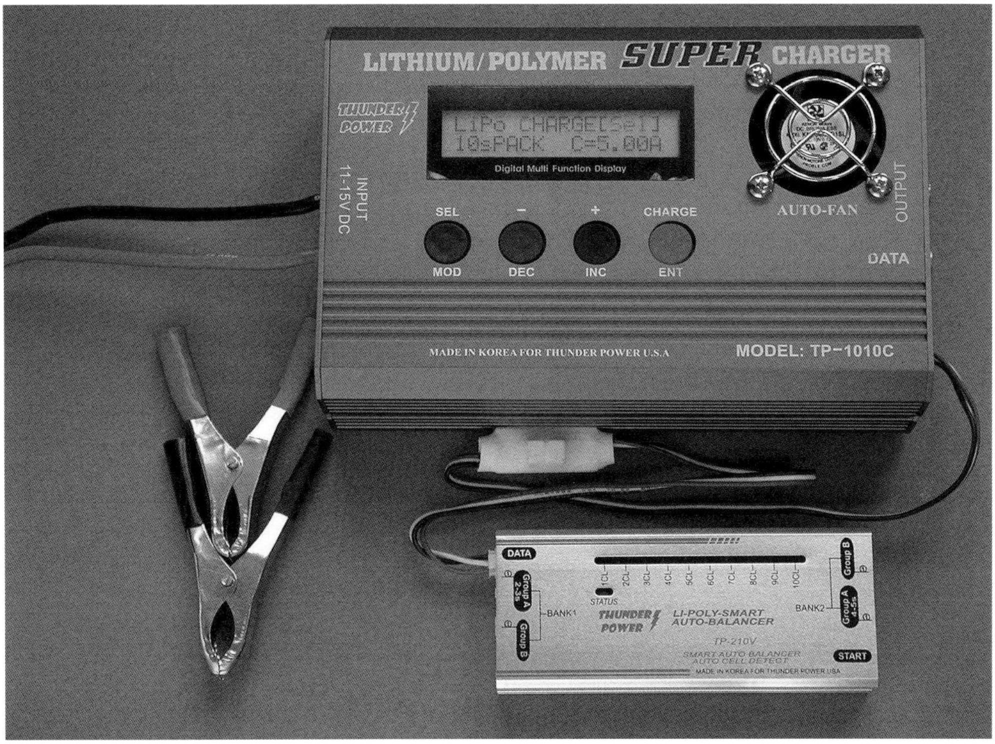

12.4-8

Kurzbeschreibung: 12-V-Ladegerät für mobilen Betrieb, nur für LiIon- und LiPo-Akkus. Gehobene Preis- und obere Leistungsklasse. Leicht und intuitiv einstellbar durch vier Bedientasten. Lädt Lithium-Akkus sehr schonend, vor allem dann, wenn diese zuvor tiefentladen wurden. Dies schützt vor Fehlbedienung, kann aber auch zu lästigen Verzögerungen im Ladeablauf führen. Verschiedene „Vollladegrade" vorwählbar.

Vertriebsfirma	Hacker Motor GmbH
Versorgungsspannung	11 bis 15 V DC
Wandlerleistung	max. 220 W
Zahl der Ausgänge	1
Lademöglichkeiten	1 bis 10 Zellen LiIon/LiPo
Max. Ladestrom	10 A
Entlademöglichkeiten	max. 2 A bis 22 W dank Ventilator; Entladetiefe in Stufen von 3,3 V, 3,45 V, 3,6 V und 3.8 V wählbar (letzte Spannungsstufe zum Lagern)
Beiliegendes Zubehör	Für die Leistungsklasse etwas schwach dimensionierte Polklemmen
Besonderheiten	10 frei programmierbare Speicher o 2-zeiliges (je 16 Zeichen) Display o Einzelzellenspannungsanzeige bei angestecktem Equalizer o Akkuüberwachung vor Ladebeginn mit Fehlermeldung bei starker Einzelspannungsabweichung (> 0,2 V) o Softstart bei Zellenspannung < 3,6 V o Zeitüberwachung bricht Ladung ab, wenn Ladespannungslimit zu lange nicht erreicht wird (schützt bei defekter Zelle oder falscher Zellenzahleingabe)

	o Vorwahlmöglichkeit des Ladegrads in % (95, 97 oder 100) sowie „Storage" mit 3,85 V (entspr. ca. 50%) zum Einlagern der Li-Akkus o Wählbar, ob Lüfter dauergeschaltet oder temperaturgesteuert o Auch mit Step-down-Wandlerfunktion
Empfehlenswertes Zubehör	Lithium-Polymer-Balancer TP210 V (Nr. 25717100), USB Interface V2 (Nr. 29763810).

Fachbegriffe aus der Akku- und Ladetechnik

BEGRIFF	KURZBESCHREIBUNG
Ableiter	Streifen aus leitfähigem Material, die gewöhnlich mit den Polen einer Zelle verschweißt sind. Sie dienen zum Verbinden der einzelnen Zellen zu einer Batterie. Bei Einhaltung bestimmter Vorsichtsmaßnahmen können Zellen auch verlötet werden.
Ah-Wirkungsgrad	Wirkungsgradbetrachtung, bei der nur Ladestrom und Ladezeit (nicht aber die Ladespannung) Einfluss nehmen
Akku	abgekürzte, gebräuchliche Bezeichnung für Akkumulator
Akkumulator	lat. *Sammler,* ursprünglich Bezeichnung für eine wiederaufladbare Stromquelle
aktives Material	Substanz, die an den Elektroden unter Elektronenaufnahme/-abgabe reagiert
Ampere-Stunden	(Ah) Einheit für die Kapazität einer Zelle. Errechnet sich aus Strom (in A) × Zeit (in h = 3600 s)
Anode	negative oxidierende Batterieelektrode
Batterie	hier: Anordnung aus mehreren Zellen, die gewöhnlich in Reihe geschaltet sind. Dadurch beträgt die Nennspannung einer B. immer ein Mehrfaches der Zellenspannung.
Bereitschaftsparallelbetrieb	Akku ist ständig mit dem Ladegerät verbunden und wird ständig nachgeladen.
beschleunigte Ladung	Ladung einer Zelle mit mehr als 0,2 bis 0,4 C
Blei-(Pb-)Gel-Akku	Pb-Akku, bei dem die Schwefelsäure durch Eindicken mit Kieselgur-Gel immobilisiert wurde. Lageunabhängig einsetzbar.
C-Rate	Zellenstrom bezogen auf die Kapazität. Bei 1 C entspricht der Wert des Ladestroms in A der Zellenkapazität in Ah.
Delta-Peak(-Erkennung)	Methode, um aus der negativen Änderung der Ladespannung den Vollladezustand eines NiCd- oder NiMH-Akkus zu erkennen

BEGRIFF	KURZBESCHREIBUNG
elektrochemische Spannungsreihe	Ordnungssystem
elektrochemischer Prozess	chemische Reaktion an den Elektroden (Oxidation oder Reduktion), die zur Elektronenabgabe bzw. -aufnahme führt
Elektrode	Reaktionsort der Zellenreaktion; die Elektroden stellen gleichzeitig die Pole der Zelle dar.
Elektrolyt	elektrisch leitende Flüssigkeit (auf der Basis von Ionenleitung), meist Säure, Lauge oder Salzlösung
Element	allg. Bezeichnung für chemische Stromquelle
Energiedichte	hier: speicherbare Energie bezogen auf Batteriemasse
Energiemenge (gespeicherte)	die in einer Batterie gespeicherte Ladung (Kapazität) multipliziert mit der mittleren Entladespannung $W = UM \times C$
Entladeschluss-Spannung	Spannungswert, unterhalb dessen der Akku praktisch als entladen gilt. Entladespannung = Spannung einer aufgeladenen Zelle (Batterie) während des Entladevorgangs
galvanisches Element	chem. Stromquelle, bestehend aus zwei verschiedenartigen Materialien, die sich in einer elektrisch leitenden Flüssigkeit (Elektrolyt) gegenüberstehen. Erzeugt eine für die jeweilige Materialkombination typische Spannung.
geschlossene Systeme	hier: Ladegerät, Akku und Verbraucher bilden eine in sich geschlossene Einheit. Eingriffe von außen sind nicht gewollt. Die einzelnen Systemkomponenten sind aufeinander abgestimmt.
I-Ladung	siehe *Ladekennlinie*
Innenwiderstand	Widerstand, der einer Stromquelle konstruktionsbedingt anhaftet. Erzeugt bei Stromfluss Verluste (Erwärmung).
intermittierende Ladung/ Entladung	Ladung/Entladung mit zeitweise unterbrochenem Strom
Kapazität	Speichervermögen einer Stromquelle (gemessen in Amperestunden)
Kathode	positive Batterieelektrode

BEGRIFF	KURZBESCHREIBUNG
Knopfzellen	NiCd- oder NiMH-Zellen mit besonders flacher, ebener knopfähnlicher Gehäuseform
Konstantstromladung	Ladung mit gleichbleibender Stromstärke
Kurzschluss-Strom	max. möglicher, nur durch den Innenwiderstand begrenzter Strom, mit dem sich eine Batterie entladen kann. Führt bei zeitlicher Ausdehnung meist zur Zerstörung (Überhitzung) der Batterie.
Ladefaktor	Kehrwert des Ah-Wirkungsgrads
Ladekennlinie	Verlauf des Ladestroms als Folge der sich verändernden Ladespannung des Akkus
Ladeschluss-Spannung	Spannungswert, bei dem der Akku als geladen gilt
Ladespannung	Spannung einer Zelle (Batterie) während des Ladens
Ladezyklus	kompletter Ladeverlauf
Lebensdauer	Zeitraum, bis eine Batterie 20% ihrer Nennkapazität verloren hat
Leerlaufspannung	siehe *Ruhespannung*
Memoryeffekt	bei NiCd-Akkus zu beobachtender Effekt als Folge häufiger, nur teilweiser Entladung
Metallhydrid	Metalllegierung, die in der Lage ist, gasförmigen Wasserstoff drucklos zu speichern.
Nennkapazität	meist bei Entladung mit 0,2 C und 20 °C ermittelter, vom Hersteller angegebener Kapazitätswert
Nennspannung	mittlere Höhe der Entladespannung bei geringer Belastung
Normalladung	über mind. 12 Stunden dauernde Ladung mit einem Ladestrom von ca. 0,1 C
Primärelement/Primärzelle	chem. Stromquelle, die nicht geladen werden kann (und braucht). Muss nach vollständiger Entladung entsorgt werden.
Pufferbetrieb	Akku, Ladegerät und Verbraucher (mit schwankendem Stromverbrauch) sind ständig parallel geschaltet. Die Normallast wird vom Ladegerät getragen, Akku „federt“ nur die Verbrauchsspitzen ab und wird in Zeiten geringen Verbrauchs nachgeladen (z. B. Kfz-Bordnetz).
Reflexladung	Ladung, die durch kurze, wiederholte Entladeimpulse unterbrochen wird

BEGRIFF	KURZBESCHREIBUNG
Ruhespannung	Spannung einer aufgeladenen Zelle (Batterie) ohne Belastung
Schnellladung	Ladung einer Zelle mit mehr als (0,5) 1 C. Voraussetzung ist eine sichere Vollerkennung.
Sekundärelement/ Sekundärzelle	chem. Stromquelle, die geladen werden muss, ehe sie Strom abgeben kann. Kann nach Entladung wieder aufgeladen werden.
Selbstentladung	Verlust der gespeicherten Ladung durch innere Prozesse
Sicherheitsventil	Ventil im Zellenkopf, das bei zu hohem Innendruck öffnet
Softstart	Zu Ladebeginn fließt zuerst nur ein geringer Ladestrom, der sich dann kontinuierlich oder stufenweise erhöht.
Spannungswandler (DG/DG-Wandler)	Schaltung, die eine gegebene Gleichspannung in Impulse zerhackt, um sie in eine andere (Gleich-)Spannung umzuformen
Sulfatierung	physikalische Veränderung des Bleisulfats. Bewirkt eine Verminderung der reaktionsfähigen Oberfläche. Bildet sich durch Lagern von Pb-Akkus im ungeladenen Zustand.
Tiefentladen, Tiefentladung	Entladung auf eine Spannung unterhalb der Entladeschluss-Spannung
U-Ladung	siehe *Ladekennlinie*
Überladung	Weiterladung einer Zelle, die bereits voll aufgeladen ist
Umpolung	Laden einer Zelle mit umgekehrter Polarität. Meist schädlich!
W-Ladung	siehe *Ladekennlinie*
Wirkungsgrad	hier: Verhältnis von eingeladener Energie zu bei der Entladung wieder entnehmbarer Energie
Zyklenbetrieb	Akku wird erst wieder mit dem Ladegerät verbunden, nachdem er (nahezu) vollständig entladen wurde.
Zyklenfestigkeit	Anzahl der absolvierbaren Zyklen, bis das Lebensdauerende erreicht wird
Zyklus (Entlade-/Lade-Z.)	einzelner, kompletter Lade- und Entladevorgang

Literaturverzeichnis

Batterien und Ladekonzepte, TADDÄUS LEONHARD HALACZEK / HANS DIETER RADEKE, Franzis-Verlag

Moderne Akkumulatoren richtig einsetzen, ANDREAS JOSSEN / WOLFGANG WEYDENZ

PANASONIC, *Nickel-Cadmium-Batteries, Technical Handbook*

PANASONIC, *Nickel-Metal-Hydride-Batteries, Technical Handbook*

PANASONIC, *Lithium-Ion-Batteries, Technical Handbook*

PANASONIC, *Sealed-Lead-Acid-Batteries, Technical Handbook*

SAFT Ni-MH-Battery-Managernent SAFT Portable Batteries

SAFT Medium-Prismatic-Lithium-Ion-Batteries

SANYO Cadnica Sealed Type Nickel-Cadmium-Batteries, Engineering Handbook

TADIRAN INCHARGETM-Firmenunterlagen

VARTA Gasdichte Ni-Cd-Zellen, Lieferprogramm und Technisches Handbuch

VARTA Gasdichte Ni-MH-Knopfzellen, Lieferprogramm und Technisches Handbuch

VARTA Gasdichte Ni-Cd-Zellen, Lieferprogramm und Technisches Handbuch

Markt & Technik Aktuell, Nr. 8/99, *Revolutionärer Lithium-Polymer-Akku*

Markt & Technik Aktuell, Nr. 19/2000, *Lithium-Polymer-powered-Bluetooth-Anwendungen*

Elektronik 8/99, HELMUTH LERNME, *Sicher und billig durch Festkörper-Elektrolyt*

Inserenten

Hacker Motor GmbH	85416 Niederhummel	www.hacker-motor.com
Jamara-Modelltechnik	88317 Aichstetten	www.jamara-modelltechnik.de
Multiplex Modellsport GmbH	75015 Bretten-Gölshausen	www.multiplex-rc.de
robbe Modellsport GmbH	36352 Grebenhain	www.robbe.com
Schulze Elektronik GmbH	64331 Weiterstadt	www.schulze-elektronik-gmbh.de
Spektrum/JSB Marketing & Vertrieb	25337 Elmshorn	www.spektrum-rc.de